国家电网
STATE GRID

国网山东省电力公司
STATE GRID SHANDONG ELECTRIC POWER COMPANY

35kV 及以上输变电工程
造价数据分析手册

国网山东省电力公司经济技术研究院　组编

中国电力出版社
CHINA ELECTRIC POWER PRESS

图书在版编目（CIP）数据

35kV 及以上输变电工程造价数据分析手册 / 国网山
东省电力公司经济技术研究院组编 . -- 北京：中国电力
出版社，2025. 8. -- ISBN 978-7-5239-0175-5

Ⅰ. TM7-62；TM63-62

中国国家版本馆 CIP 数据核字第 20250EQ566 号

出版发行：中国电力出版社
地　　址：北京市东城区北京站西街 19 号（邮政编码 100005）
网　　址：http://www.cepp.sgcc.com.cn
责任编辑：罗　艳　孟花林
责任校对：黄　蓓　马　宁
装帧设计：张俊霞
责任印制：石　雷

印　　刷：北京雁林吉兆印刷有限公司
版　　次：2025 年 8 月第一版
印　　次：2025 年 8 月北京第一次印刷
开　　本：710 毫米 ×1000 毫米　16 开本
印　　张：8.25
字　　数：110 千字
印　　数：0001—1000 册
定　　价：45.00 元

主要编写人员

张　灿　曹孟迪　刘宏志　康　方　孔　超　杨博杰　李　越
李　凯　靳书栋　屠庆波　李　彦　王艳梅　郝铁军　杨晓营
张弘扬　马诗文　韩延峰　张　戈　陶喜胜　张凯伦

编制说明

《35kV 及以上输变电工程造价数据分析手册》（以下简称《手册》）是依据国家法律法规、行业规范、国家电网有限公司规章制度，基于造价分析工作流程与工作实践，编制完成的工作指导手册。

《手册》对于进一步提升基建技经专业员工的业务能力，提高新形势下基建技经造价数据分析、处理及运用的专业基础知识和必备理论的掌握水平，高质量完成年度报送国家电网输变电工程造价分析和国家能源局投产输变电工程项目造价信息有着重要意义。

《手册》作为相关基建技经专业技术人员的造价分析工作指南，主要内容包含国家电网输变电工程造价分析和国家能源局投产输变电工程项目造价分析数据填报范围、造价分析常用字段填报注意事项、造价数据字段校验规则、造价分析指标计算方法、造价分析报告编制等。重点面向国网山东省电力公司基建技经相关从业人员，既可作为技经专业造价分析初学者的培训教材，又可作为具备一定专业基础的技经人员造价数据管理、数据分析及数据指标应用的参考工具用书。

限于编者水平，不妥之处在所难免，敬请读者批评指正。

编　者

2025 年 4 月

目　录

第二章

数据收集　　　　　　　　　　　　009 《

第三章

指标计算　　　　　　　　　　　　057 《

第四章

报告编制 071 《

附 录

输变电工程造价 分析研究报告大纲 077 《

绪　论

　　输变电工程造价分析，是对已完成竣工决算的工程，通过统计造价相关数据，梳理分析工程费用构成和变化情况，查找影响造价的主要因素，掌握趋势，持续完善改进造价管理方法，为公司投资决策提供支撑的工作。

　　《手册》旨在明确造价分析数据填报要求、分析指标及计算方法等，指导构建统一、规范、完整的指标体系，进一步提高造价分析工作质量与效率。下面介绍《手册》编制原则和主要内容。

本书编制原则如下：

　　《手册》总结了历年年度造价分析工作的实践经验，充分吸纳各数据填报单位意见和建议，有利于进一步加强造价管理工作。

　　输变电工程造价分析是在工程竣工决算后，对工程造价水平、投资控制情况及相关管理工作开展的分析工作，是输变电工程造价全过程管理的重要环节，是工程管理绩效考核的重要依据，也是造价管理与投资决策的必要技术支撑。

《手册》规范了造价分析数据收集范围及数据填报注意事项，明确了造价分析指标计算方法。

《手册》主要内容如下：

《手册》主要介绍两大部分内容，分别是年度国家电网公司输变电工程造价分析（以下简称"国网造价分析"）和年度国家能源局投产输变电工程造价信息统计（以下简称"能源局造价分析"）。其中，国网造价分析和能源局造价分析均涵盖数据收集，除此之外，国网造价分析还介绍了指标计算和报告编制的相关内容，《手册》主要内容见表0-1。

表0-1 《手册》主要内容

主要内容	国网造价分析	能源局造价分析
工作流程	√	√
数据收集	√	√
指标计算	√	
报告编制	√	

注：省公司每年7～9月组织编制本年度本省份国网造价分析报告；能源局造价分析报告一般由电力规划设计总院编制，所以《手册》不涉及能源局造价分析的指标计算及报告编制的相关内容。

第一章

工作流程

第一节
国网造价分析工作流程

1. 工作定义

国网造价分析工作是指对分析年度内竣工投产的 35 ~ 500kV 交流输变电工程进行造价数据统计、费用构成和变化情况分析、费用变化趋势预测及掌握，最终形成造价分析报告。主要分为数据收集和报告编制两个阶段。

2. 持续时间

数据收集阶段（常态化收集）：前一年 1 月 ~ 本年度 6 月。

报告编制阶段：本年度 7 ~ 9 月。

3. 工作步骤

（1）发布年度输变电工程造价分析工作通知。

（2）按工程结算进度开展输变电工程造价分析常态化收集及校核。

（3）对常态化收集数据进行完善、汇总、校核及上报工作。

（4）牵头造价分析专题报告大纲编制（如有）。

（5）完成国网造价分析专题报告数据收集、汇总、校核及上报。

（6）完成国网造价分析主报告及专题报告编制。

4. 工作职责

（1）省公司建设部：负责输变电工程造价分析工作通知发布、工作成果验收工作。

（2）省经济技术研究院技经中心：负责完成输变电工程造价分析主报告基础数据常态化收集、汇总、校核及上报工作。负责国网造价分析专题报告基础数据收集、汇总、校核及上报工作。负责年度输变电工程造价分析主报告及专题报告（如有）编制工作。

（3）各地市公司：配合省经济技术研究院技经中心完成输变电工程造价分析基础数据常态化收集及校核。配合省经济技术研究院技经中心完成国网造价分析专题报告数据收集工作。

5. 工作成果

（1）编制形成年度"输变电工程造价分析基础数据汇总表"，上传至技术经济实验室，并报国网经济技术研究院审查。

（2）编制形成年度"国网山东省电力公司输变电工程造价分析研究报告"，报省公司建设部审查。

（3）编制完成年度造价分析专题报告（如有）。

第二节
能源局造价分析工作流程

1. 工作定义

国家能源局电力工程项目造价信息收集工作是指根据《国家能源局综合司关于电力工程项目造价信息报送及统计分析工作有关问题的通知》(国能综通监管〔2020〕141号),完成110～500kV交流输变电工程项目造价信息收集、校核及报送工作。

2. 持续时间

结合输变电工程结算进度,运用输变电工程智慧造价管理平台进行常态化数据收集。

根据国家能源局具体通知,一般为7～8月,每2年开展一次集中上报工作。

3. 工作步骤

(1)发布年度电力工程项目造价信息工作通知。

(2)按工程结算进度开展年度电力工程项目造价信息常态化收集及校核。

（3）根据国家能源局通知，对常态化收集数据进行完善、汇总、校核及上报工作。

4. 工作职责

（1）省公司建设部：负责电力工程项目造价信息工作通知发布、工作成果验收工作。

（2）省经济技术研究院技经中心：负责完成电力工程项目造价信息常态化收集、汇总、校核及上报工作。

（3）各地市公司：负责完成电力工程项目造价信息常态化填报工作。

5. 工作成果

线上完成山东省年度电力工程项目造价信息收集工作，并报国家能源局审查。

思考题

1.国网年度输变电工程造价分析数据统计范围是什么？

2.国网年度输变电工程造价分析工作形成的主要成果有哪些？

3.能源局造价分析主要工作步骤是什么？

第二章

数据收集

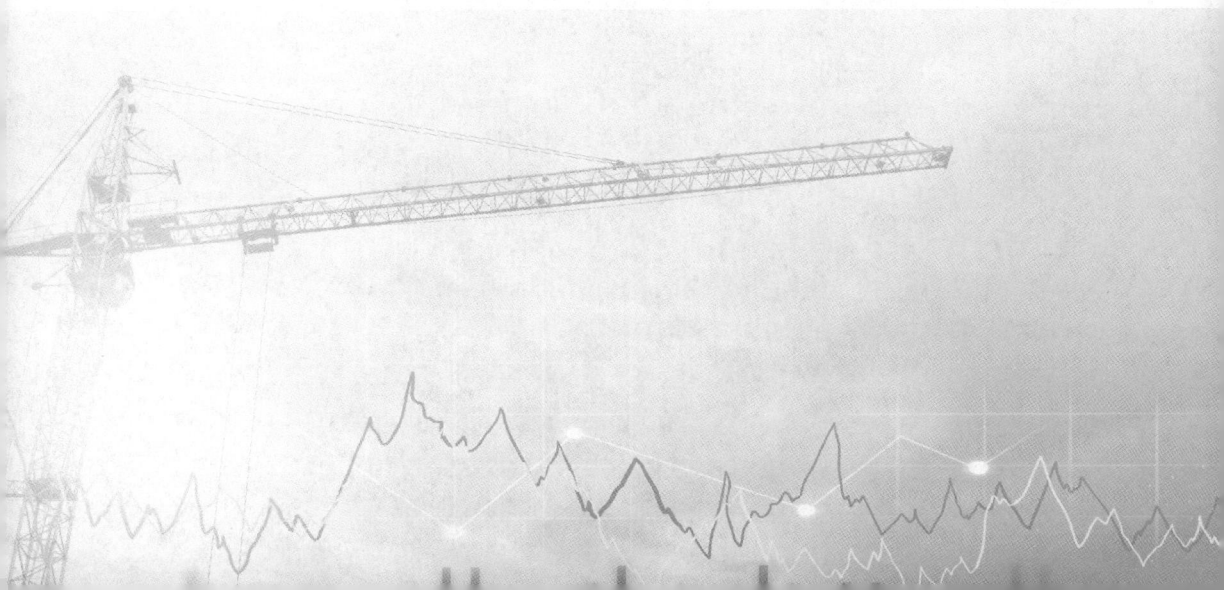

第一节
国网造价分析数据收集

一、数据收集范围

《手册》适用于 35kV 及以上交流输变电工程造价分析工作。国网造价分析数据收集应遵循以下要求：

（1）国网造价分析数据应为各年度 1 月 1 日～12 月 31 日期间竣工投产的输变电工程的投资估算、初步设计概算、施工图预算、工程结算、竣工决算等各阶段的造价数据，计算单位造价指标应采用含增值税的决算（结算）数据。

（2）变电工程分新建、扩建主变压器、扩建间隔三类，架空线路工程、电缆线路工程造价分析数据以长线路工程为主，系统通信工程造价分析数据收集按照通信设备工程、通信光缆工程分别进行。

《手册》中国网造价分析数据收集内容以 2025 年国家电网有限公司下发的数据收集表格为主要依据，后续年份数据收集内容可根据国家电网有限公司最新要求进行适当调整。

《手册》中国网造价分析数据收集及指标计算不涉及年度专题造价分析。

二、数据字段介绍

2025 年国网造价分析数据收集表中涵盖数据字段共 736 项，其中变电工程 197 项、架空线路工程 212 项、电缆线路工程 264 项、通信设备工程 36 项和通信光缆工程 27 项。

1. 变电工程

变电工程数据字段可分为工程基本信息类指标、主要技术条件指标和工程技经类指标。

（1）工程基本信息类指标。包括所属区域、所属公司、所属地区、额定电压、工程编码、工程名称、工程时间、使用预规版本、通信设备工程是否单独成册、采用通用设计的方案、采用通用造价的方案、是否为模块化 / 装配式变电站建筑型式、建设性质、是否智能化变电站、是否应用三维设计、自然条件等字段。

（2）主要技术条件指标。变电工程主要技术条件指标见表 2-1。

表2-1　变电工程主要技术条件指标

序号	指标名称	备注
1	变电站型式	—
2	主变压器参数	有/无载调压、本/远期台数、单台容量、单价、设备型号等
3	本期出现回数	高压侧、中压侧、低压侧
4	配电型式及断路器台数（高、中、低压侧）	配电装置型式；断路器台数；单价；母线 PT 间隔、桥接线主变压器进线或出线间隔等；预留间隔
5	接线型式	高压侧、中压侧、低压侧
6	高压电抗器	数量、单组容量、单台价格

续表

序号	指标名称	备注
7	低压电容器	数量、单组容量、价格
8	低压电抗器	数量、单组容量、价格
9	电缆材料	控制电缆、1kV 及以下电力电缆和光缆的数量及平均单价
10	接地材料	主要接地材料材质及数量
11	建筑面积	全站、主控（综合）楼
12	主变压器及进出线钢构、支架	主变压器、高压侧、中压侧和低压侧数量；镀锌钢管和镀锌钢梁价格
13	主变压器及进出线基础混凝土量	主变压器、高压侧、中压侧、低压侧
14	站区其他设备支架及基础	钢支架和混凝土基础工程量
15	电缆沟	工程量
16	进站道路	长度和费用

（3）工程技经类指标。主要有竣工决算（结算）、施工图预算、初步设计批复概算和批复可研估算等 4 类指标，其中竣工决算技经指标较为详细，施工图预算、初步设计批复概算和批复可研估算技经指标基本相同，变电工程技经类指标（决算）、变电工程技经类指标（预算、概算、估算）分别见表 2-2 和表 2-3。

表2-2 变电工程技经类指标（决算）

序号	指标名称	备注
1	建筑工程费	建筑费合计；主控（综合）楼建筑费用；全站配电装置建筑费用；场地平整土石方量；外运或外购土石方工程量；场地平整费用；地基处理方法；地基处理费用；挡土墙及护坡费用；站外水源费用；站外电源费用

续表

序号	指标名称	备注
2	设备购置费	设备费合计；智能化相关设备购置费
3	安装工程费	安装工程费合计
4	其他费用	其他费用合计；建设场地征用及清理费合计；全站征地面积；围墙内征地面积；土地征用费；项目建设管理费；工程监理费；项目建设技术服务费；项目前期工作费；设计费；三维设计数字化移交费用；工程建设检测费；生产准备费；大件运输措施费
5	安全文明施工费	—
6	基本预备费	—
7	静态投资	
8	建设期贷款利息	
9	动态投资	
10	增值税抵扣税额	
11	是否完成全口径决算	—
12	如未决算，其中"暂估费用"	—

表2-3 变电工程技经类指标（预算、概算、估算）

序号	指标名称	是否含有此项指标		
		施工图预算	初设概算	可研估算
1	建筑工程费合计	√	√	√
2	建筑人工费	√		
3	建筑机械费	√		
4	设备购置费	√	√	√
5	安装工程费合计	√	√	√

续表

序号	指标名称	是否含有此项指标		
		施工图预算	初设概算	可研估算
6	安装人工费	√		
7	安装机械费	√		
8	其他费用合计	√	√	√
9	建设场地征用及清理费	√	√	√
10	全站征地面积	√	√	√
11	围墙内征地面积	√	√	√
12	土地征用费	√	√	√
13	设计费		√	
14	基本预备费	√	√	√
15	静态投资	√	√	√
16	贷款利息	√	√	√
17	动态投资	√	√	√

2. 架空线路工程

架空线路工程数据字段可分为工程基本信息类指标、主要技术条件指标和工程技经类指标。

（1）工程基本信息类指标。包括所属区域、所属公司、所属地区、电压等级、工程编码、工程名称、工程时间、使用预规版本、通信线路工程是否单独成册、采用通用设计的方案、采用通用造价的方案、是否采用机械化施工、是否应用三维设计等字段。

（2）主要技术条件指标。架空线路工程主要技术条件指标见表2-4。

表2-4 架空线路工程主要技术条件指标

序号	指标名称	备注
1	架空线路型式	—
2	线路曲折系数	—
3	路径长度	线路长度合计（折单）；单回路长度；双回路长度；三回路长度；四回路长度；双回塔挂单回线；只挂线（含更换导线）
4	杆塔总基数	—
5	角钢塔	塔基数；塔材量；高强钢塔材量；塔材装材费；高强钢塔材费用
6	钢管塔	塔基数；塔材量；钢管价格
7	钢管杆	塔基数；塔材量；钢管价格
8	水泥杆	数量
9	直线塔	数量
10	耐张转角塔基数	数量
11	塔高超过 70m 的塔基数	数量
12	海拔	—
13	导线及线材	分裂数；单根导线面积；导线量；节能导线量；导线装材费；节能导线费用；导线类型
14	不同设计覆冰风速线路长度	无冰区；轻冰区；中冰区；重冰区
15	地形分布	平地；丘陵；河网；泥沼；山地；高山；沙漠；峻岭
16	地质条件	冻土；普通土；坚土；松砂石；水坑；泥水坑；流沙坑；岩石爆破；岩石人工
17	土石方量	基坑；接地；基面；尖峰
18	各类基础数量占总塔基数比例	台阶式；板式；插入式；掏挖；岩石嵌固；锚杆；灌注桩；人工挖孔桩；其他
19	基础混凝土总量	—

序号	指标名称	备注
20	各类基础混凝土量占总混凝土比例	台阶式；板式；插入式；掏挖；岩石嵌固；锚杆；灌注桩；人工挖孔桩；其他
21	基础钢材	数量及价格

（3）工程技经类指标。主要有竣工决算（结算）、施工图预算、初步设计批复概算和批复可研估算等 4 类指标，其中竣工决算技经指标较为详细，施工图预算、初步设计批复概算和批复可研估算相关技经指标基本相同，架空线路工程技经类指标（决算）、架空线路工程技经类指标（预算、概算、估算）分别见表 2-5 和表 2-6。

表2-5 架空线路工程技经类指标（决算）

序号	指标名称	备注
1	本体费用	基础工程费用、杆塔工程费用、接地工程费用、架线工程费用、附件工程费用、辅助工程费用
2	辅助设施工程费	—
3	其他费用	其他费用合计
4	建设场地征用及清理费	建场费合计；塔基永久占地费；塔基永久占地单价；经济作物、农副产品等补偿费用；树木砍伐赔偿费用；房屋拆迁赔偿费用；大型厂矿拆迁补偿费及其他大额赔偿费用
5	项目建设管理费	项目建设管理费合计、工程监理费
6	项目建设技术服务费	项目建设技术服务费合计、项目前期工作费、设计费、三维设计数字化移交费用、工程建设检测费
7	生产准备费	—
8	安全文明施工费	—

续表

序号	指标名称	备注
9	基本预备费	—
10	静态投资	—
11	建设期利息	—
12	动态投资	—
13	增值税抵扣税额	—
14	是否完成全口径决算	—
15	如未决算，其中"暂估费用"	—

表2-6　架空线路工程技经类指标（预算、概算、可研）

序号	指标名称	是否含有此项指标		
		施工图预算	初设概算	可研估算
1	本体费用合计	√	√	√
2	本体费用人工费	√		
3	本体费用机械费	√		
4	辅助设施工程费	√	√	√
5	其他费用合计	√	√	√
6	建场费合计	√	√	√
7	塔基永久占地费	√	√	√
8	塔基永久占地单价	√	√	√
9	经济作物、农副产品等补偿费用	√	√	√
10	树木砍伐赔偿费用	√	√	√
11	房屋拆迁赔偿费用	√	√	√

序号	指标名称	是否含有此项指标		
		施工图预算	初设概算	可研估算
12	大型厂矿拆迁补偿费及其他大额赔偿费用	√	√	√
13	设计费		√	
14	基本预备费	√	√	√
15	静态投资	√	√	√
16	建设期利息	√	√	√
17	动态投资	√	√	√

3. 电缆线路工程

电缆线路工程数据字段可分为工程基本情况指标、安装部分技术条件指标、建筑部分技术条件指标和工程技经类指标。

（1）工程基本情况指标。包括工程编码、工程名称、所属公司、所属区域、所属地区、电压等级、工程时间、土建定额体系、使用预规版本、通信线路工程是否单独成册、是否应用三维设计、地质情况、各类地貌所占比例等字段。

（2）安装部分技术条件指标。主要包括电缆回路数、电缆长度（折单回三相）、隧道内敷设电缆长度（折单回三相）、排管内敷设电缆长度（折单回三相）、电缆沟内敷设电缆长度（折单回三相）、直埋敷设电缆长度（折单回三相）、电缆型号、电缆芯材质、电缆芯数、电缆截面、电缆中间接头、电缆终端接头、接地电流监测、电缆及接头价格等字段。

（3）建筑部分技术条件指标。电缆线路工程建筑部分技术条件指标见表2-7。

表2-7　电缆线路工程建筑部分技术条件指标

序号	指标名称	备注
1	电缆建筑工程全长	—
2	明开隧道	明开隧道断面孔数及每孔断面；明开隧道覆土深度；明开隧道长度；明开隧道工艺井
3	暗挖隧道	暗挖隧道断面孔数及每孔断面；暗挖隧道覆土深度；暗挖隧道长度；暗挖隧道工艺井
4	盾构隧道	盾构隧道断面直径；盾构隧道覆土深度；盾构隧道长度；盾构隧道工艺井
5	隧道穿越段长度	过河；过市政轨道交通；过铁路
6	排管（开挖）	排管断面；保护管材质；排管孔径；覆土深度；排管长度；排管管井
7	拉管	拉管根数；保护管材质；拉管孔径；拉管长度；拉管井
8	拉管穿越段长度	过河；过市政轨道交通；过铁路
9	顶管	顶管根数；保护管材质；顶管孔径；顶管长度；顶管井
10	顶管穿越段长度	过河；过市政轨道交通；过铁路
11	电缆沟	沟道断面；电缆沟材质；电缆沟覆土深度；电缆沟长度
12	直埋	长度

（4）工程技经类指标。主要有竣工决算（结算）、施工图预算、初步设计批复概算和批复可研估算等 4 类指标，且每个阶段均又可分为电缆安装工程费用和电缆建筑工程费用，电缆线路工程技经类指标见表 2-8。

表2-8　电缆线路工程技经类指标

序号	指标类型	指标名称	备注	是否含有此项指标			
				竣工决算	施工图预算	初设概算	可研估算
1	电缆安装工程费用	电缆安装本体费用	本体费用合计；设备费；安装费	√	√	√	√
2		辅助生产工程费	—	√	√	√	√

续表

序号	指标类型	指标名称	备注	是否含有此项指标			
				竣工决算	施工图预算	初设概算	可研估算
3	电缆安装工程费用	其他费用	其他费合计；设计费	√	√	√	√
4		安全文明施工费	—	√			
5		基本预备费	—	√	√	√	√
6		静态投资	—	√	√	√	√
7		建设期利息	—	√	√	√	√
8		动态投资	—	√	√	√	√
9		增值税抵扣额	—	√			
10		是否完成全口径决算	—	√			
11		如未决算，其中"暂估费用"	—	√			
12	电缆建筑工程费用	建筑本体费用	—	√	√	√	√
13		隧道本体费用	明开隧道；明开隧道工艺井；暗挖隧道；暗挖隧道工艺井；盾构隧道；盾构隧道工艺井；隧道穿越段	√	√	√	

序号	指标类型	指标名称	备注	是否含有此项指标			
				竣工决算	施工图预算	初设概算	可研估算
14	电缆建筑工程费用	排管本体费用	排管；排管工艺井；拉管（含井）；拉管穿越段；顶管（含井）；顶管穿越段	√	√	√	
15		电缆沟本体费用	—	√	√	√	
16		直埋本体费用	—	√	√	√	
17		措施费用	—	√	√	√	
18		通风、排水、照明、消防等费用	—	√	√	√	
19		辅助生产工程费	—	√	√	√	√
20		其他费用合计	—	√	√	√	√
21		建场费	建场费合计；征地费用；征地单价；拆迁补偿费用；拆迁单价；绿地赔偿费用；绿地赔偿单价；管线迁补费用；管线迁补单价；路面修复费用；路面修复单价	√	√	√	√
22		设计费	—	√		√	

续表

序号	指标类型	指标名称	备注	是否含有此项指标			
				竣工决算	施工图预算	初设概算	可研估算
23	电缆建筑工程费用	安全文明施工费	—	√		√	
24		基本预备费	—	√	√	√	√
25		静态投资	—	√	√	√	√
26		建设期利息	—	√	√	√	√
27		动态投资	—	√	√	√	√
28		增值税抵扣税额	—	√			
29		是否完成全口径决算	—	√			
30		如未决算，其中"暂估费用"	—	√			

4. 通信设备工程

通信设备工程数据字段可分为工程基本信息类指标、光传输设备参数和工程技经类指标。

（1）工程基本信息类指标。包括所属公司、所属地区、工程编码、工程名称和竣工时间。

（2）光传输设备参数。包括 10Gbit/s、2.5Gbit/s、622Mbit/s 和 155Mbit/s 等传输设备的单价、数量及光口数量。

（3）工程技经类指标。包括决算、施工图预算、概算及估算阶段的静态投资、建贷利息和动态投资、决算阶段的增值税抵扣税额、是否采用施工图预算管理。

5. 通信光缆工程

通信光缆工程数据字段可分为工程基本信息类指标、工程技术类指标和工程技经类指标。

（1）工程基本信息类指标。包括所属公司、所属地区、工程编码、工程名称和竣工时间。

（2）工程技术类指标。包括线路通信方式、架设方式、线路长度、光缆型号、光缆芯数及光缆单价。

（3）工程技经类指标。包括决算、施工图预算、概算及估算阶段的静态投资、建贷利息和动态投资、决算阶段的增值税抵扣税额、是否采用施工图预算管理。

三、数据填报注意事项

本节主要是重点强调数据填报过程中容易出现错误的数据字段。

1. 变电工程

（1）额定电压。扩建工程仅填报扩建侧对应的电压等级。例如，500kV扩建220kV间隔，高压侧为空，中压侧填报电压等级和扩建的回路数。

（2）通信设备工程是否单独成册。按照《关于印发〈系统通信工程建设预算编制管理细则（试行）〉的通知》（国家电网电定〔2018〕24号）相关规定理解，此处填"是"或"否"。

根据国家电网电定〔2018〕24号的规定，系统通信工程预算随变电站工程、架空输电线路工程、电缆输电线路工程编制。本年度竣工的工程中，通信设备工程单独成册，此处选"是"，并将相应的系统通信工程数据填写至"通信设备""通信光缆"表格；通信设备工程未单独成册，此处选"否"，相应费用无须拆分，据实填写即可。

（3）采用通用设计的方案。扩建主变压器、扩建间隔不必填。变电工程各电压等级通用设计方案见表2-9。

表2-9　变电工程各电压等级通用设计方案

序号	电压等级	通用设计方案
1	35kV	35-E1-1，35-E1-2，35-E2-1，35-E2-2，35-E2-3，35-E3-1
2	110kV	110-A1-2，110-A2-3，110-A2-4，110-A2-5，110-A2-6，110-A2-7，110-A2-8，110-A3-2，110-A3-3，110-A3-4，110-B-1，110-B-2，110-B-3
3	220kV	220-A1-1，220-A2-2，220-A2-3，220-A2-4，220-A2-5，220-A2-6，220-A2-7，220-A2-8，220-A2-9，220-A2-10，220-A3-1，220-A3-2，220-A3-3，220-A3-4，220-B-1，220-B-2，220-B-3，220-B-4，220-B-5
4	500kV	500-A1-3，500-A2-1，500-A3-1，500-B-1，500-B-2，500-B-3，500-B-4，500-B-5，500-B-6

（4）建设性质。建设性质填报范围一般包括新建变电站、新建开关站、扩建主变、扩建间隔、其他。

（5）地形地貌统计。只统计新建站，新建工程不能为空。填报范围一般为平地、丘陵、坡地、岗地、山地、水塘/沟渠、洼地/凹地、沟谷/河道、林地/果园/经济作物。

（6）变电站型式。新建工程不能为空，半户内站的定义是主变压器在户外，配电装置均在户内的变电站；若高压侧配电装置在户外，中压侧、低压侧均在户内，定义为户外站。填报范围一般为户外站、半户内站、户内站、半地下站、地下站。

（7）本期出线回数。新建工程不能为空，数值可为 0。扩建中压侧出线的工程，高压侧出线不填，仅在对应位置填报实际扩建的出线回数。

（8）高压侧配电装置型式。填报范围一般为空气绝缘开关设备（AIS）柱式、罐式气体绝缘开关设备（GIS）、户内 GIS、户外 GIS、混合式气体绝缘金属封闭开关设备（HGIS）、开关柜、其他。

需要注意的是：①建设性质为新建时，此处为必填项；②该条单项工程变电站型式为户外站时，高压侧配电装置型式不能填户内 GIS、开关柜；③该条单项工程变电站型式为户内站时，高压侧配电装置型式不能填 AIS 柱式，罐式、户外 GIS。

（9）主要接地材料。请填写一种主要的接地类型，填报范围一般为扁钢或铜排。

（10）主控（综合）楼建筑面积。新建工程不能为空，不能大于全站建筑面积。

（11）主控（综合）楼建筑费用。按主控（综合）楼、配电装置楼合计填报，包含地下部分，不包含地基处理费用。

（12）全站配电装置建筑费用。指户外配电装置建筑费用。

（13）场地平整土石方量（m³/站）。请填写挖方量和填方量之和。

（14）场地平整外运或外购土石方工程量 (m³/站)。既有外运又有外购土石方的，填报二者之和。

（15）挡土墙及护坡费用（万元）。仅填报站区围墙及围墙内发生的相关费用，进站道路挡土墙及护坡费用划归进站道路费用。

（16）竣工决算基本预备费。不能为空，可为 0，费用单位为万元，不可按概算平移填写，应视工程实际是否发生基本预备费进行填写。

（17）如未决算，其中"暂估费用"。当工程未完成财务决算时，全口径结算中从概算平移的费用。

（18）单位容量造价 (元 /kVA)。注意单位换算，计算方法为：单位容量造价（元 /kVA ）=（决算静态投资 × 10 ）/（本期台数 × 单台容量)。式中静态投资单位为万元、单台容量单位为 MVA。

2. 架空线路工程

（1）采用通用设计的方案。架空线路工程各电压等级通用设计方案见表 2-10。

表 2-10 架空线路工程各电压等级通用设计方案

序号	电压等级	通用设计方案
1	35kV	35-AB21D，35-AB31D，35-AB31S，35-AC21D，35-AC21S，35-AD22D，35-AD22S，35-AD24D，35-AD24S，35-AD32D，35-CB21D，35-CB21S，35-CD22D，35-CD22S，35-CD24D，35-CD24S，35-CD32D，35-CD32S，35-DD21D，35-DD21S
2	110kV	110-DA21S，110-DA21GS，110-DA31D，110-DA31S，110-DB21D，110-DB21S，110-DB21GD，110-DB21GS，110-DC21D，110-DC21GD，110-DC21S，110-DC21GS，110-DC22D，110-DC24D，110-DC24S，110-DC31D，110-DC31S，110-DC32S，110-DC41D，110-DC42D，110-DD21D，110-DD21S，110-DD21GS，110-DD22D，110-DD22S，110-DD24D，110-DD24S，110-DD34D，110-DE22D，110-DF11D，110-DF11S，110-DF21S，110-DF25D，110-DF25S，110-DH21S，110-DJ21GS，110-EA21S，110-EA21GS，110-EB21D，110-EB21S，110-EB21GS，110-EB21GQ，110-EC21D，110-EC21GD，110-EC21S，110-EC21GS，110-EC21Q，110-EC21GQ，110-EC22D，110-EC22S，110-EC31D，110-EC31S，110-EC41D，110-ED21D，110-ED21S，110-ED21GS，110-ED21GQ，110-ED22D，110-EF11GS，110-FA21GS，110-FA31D，110-FA31S，110-FB21S，110-FB21GS，110-FC21S，110-FC21GS，110-FD21S，110-FD21GS

序号	电压等级	通用设计方案
3	220kV	220-DD21D，220-EB21D，220-EC21D，220-ED21D，220-ED21S，220-EF25D，220-EF25S，220-FA31D，220-FB21D，220-FC21D，220-FD21D，220-FD21S，220-GA21D，220-GA31D，220-GA31S，220-GB21D，220-GB21S，220-GB31S，220-GC21D，220-GC21S，220-GC21GS，220-GC21Q，220-GC21GQ，220-GC22D，220-GC22S，220-GC23D，220-GC23S，220-GD21D，220-GD21S，220-GD21TS，220-GD22D，220-GD22S，220-GD31D，220-GD31S，220-GE22D，220-GE22D，220-GG11S，220-GG22D，220-GJ21S，220-HA21D，220-HA31D，220-HA31S，220-HA31GS，220-HB21S，220-HB31S，220-HC21D，220-HC21S，220-HC21GS，220-HC21GQ，220-HC31D，220-HD21S，220-HD21TS，220-HD21Q，220-HD21TQ，220-HD22D，220-HD31S，220-HE22D，220-HF11S，220-HG11S，220-HH11S，220-HJ21S，220-KB21S，220-KB21Q，220-KD21S，220-KD22D，220-KE22D
4	500kV	500-KC21D，500-KC21S，500-KC31S，500-KD21D，500-KD21S，500-KD22D，500-LC21S，500-LD24S，500-MC21D，500-MC21S，500-MC21TQ，500-MC22S，500-MC23S，500-MC31D，500-MC31S，500-MC34S，500-MD21S，500-MD22S，500-ME21S，500-MF21S

（2）是否采用机械化施工。只要单项工程中有一项采用机械化施工，则选是。

（3）杆塔总基数（基）。计算方式为：①总基数 = 角钢塔基数 + 钢管塔基数 + 钢管杆基数 + 水泥杆基数；②总基数 = 直线塔基数 + 耐张转角塔基数；③总基数 = 台阶式塔基数 + 板式塔基数 + 插入式塔基数 + 掏挖塔基数 + 岩石塔基数 + 锚杆塔基数 + 灌注桩塔基数 + 其他塔基数。

（4）海拔 (m)。按工程的最高值填写。请填整数，不保留小数位数。

（5）单根导线面积。具体可分为：① 110kV：有效数据一般为 120、150、185、240、300、400mm²，其他；② 220~500kV：有效数据一般为

120、150、185、240、300、400、500、630 mm^2，其他。

（6）导线类型。当导线材料量不为 0 时，导线类型不能为空。导线类型填报范围一般为钢芯铝绞线、铝包钢芯铝绞线、中强度铝合金绞线、铝合金芯铝绞线、铝合金芯高导电率铝绞线、钢芯高导电率铝绞线、特高强度钢芯铝合金绞线、扩径导线、耐热导线、碳纤维导线、其他。

（7）不同设计覆冰风速线路长度（km）。各气象组合长度合计值应等于路径长度（单回路 + 双回路 + 三回路 + 四回路 + 双回塔挂单回线 + 只挂线），可保留 2 位小数。

（8）地形分布（%）。填报数据时务必注意，数据不带 %，填写格式如"23.56"，可保留 2 位小数，地质条件（%）、各类基础数量占总塔基数比例（%）以及各类基础混凝土量占总混凝土比例（%）等字段填报数据时也应注意该问题。各类地形分布（平地 + 丘陵 + 河网 + 泥沼 + 山地 + 高山 + 沙漠 + 峻岭）合计应为 100。

（9）基础钢材价格。请填含税价格，不保留小数位数，有效数据：>100；当基础钢材量不为 0 时，基础钢材价格不可为空。

（10）竣工决算其他费用合计。其他费用合计不小于：建场费合计 + 项目建设管理费 + 项目建设技术服务费 + 生产准备费。

（11）竣工决算建场费合计。不能为空，可为 0；建场费合计不小于：塔基永久占地费 + 经济作物、农副产品等补偿费用 + 林木砍伐费用 + 房屋拆迁赔偿费用 + 大型厂矿拆迁补偿费。

3. 电缆线路工程

（1）地质条件。请填写工程地质情况，如"软塑、硬塑、流沙、淤泥岩石、回填"等。

（2）电缆回路数。请填写阿拉伯数字，不要填写"单回""双回"等。

（3）电缆长度（折单回三相）（m）。请输入电缆折成单回三相的长度，有效数据：>1。其中，电缆长度（折单回三相）= 隧道内敷设电缆长度（折单回三相）+ 排管内敷设电缆长度（折单回三相）+ 电缆沟内敷设电缆长度（折单回三相）+ 直埋敷设电缆长度（折单回三相），单位均为 m。

（4）电缆截面（mm²）。若有不同截面积，请中间用逗号隔开，并备注各截面积电缆长度（折单回三相），如 2000（1300m），1600（500m）。

（5）电缆建筑工程全长（m）。填写电缆建筑工程的路径长度。

土建全长 = 明开隧道长度 + 暗挖隧道长度 + 盾构隧道长度 + 隧道穿越段长度 + 排管长度 + 拉管长度 + 拉管穿越段长度 + 顶管长度 + 顶管穿越段长度 + 电缆沟长度 + 直埋，单位为 m。

（6）明开隧道每孔断面（宽 × 高）（m）。若明开隧道长度或者明开隧道的本体费用大于 0，则每孔截面积不能为空。如有多种断面类型，请备注每种断面的建筑长度，如 2×2.1（200m）、1.6×2.2（300m）。

（7）明开隧道长度（m）。需要注意的是：①请填写明开隧道路径长度，若有多种形式请写总长度；②若明开隧道的本体费用大于 0，则明开隧道的长度输入值也必须大于 0，并且明开隧道的孔数和每孔断面不能为空。

（8）暗挖隧道每孔断面（宽 × 高）（m）。若暗挖隧道长度或者暗挖隧道的本体费用大于 0，则每孔断面不能为空。如有多种断面类型，请在每种断面后加"（ ）"备注每种断面的建筑长度。

（9）暗挖隧道长度（m）。需要注意的是：①请填写暗挖隧道路径长度，若有多种形式长度，填写总长度；②若暗挖隧道的本体费用大于 0，则暗挖隧道的长度输入值也必须大于 0，并且暗挖隧道的孔数和每孔断面不能为空。

（10）盾构隧道断面（直径）（m）。若盾构隧道长度或者盾构隧道的本体费用大于 0，则盾构隧道的断面不能为空。如有多种断面类型，请备注每种断面的建筑长度。

（11）盾构隧道长度（m）。需要注意的是：①请填写盾构隧道路径长度，若有不同规格形式填写总长度；②若盾构隧道的本体费用大于0，则盾构隧道的长度输入值也必须大于0，并且盾构隧道的断面不能为空。

（12）排管断面（排×列）/（孔数）。如有多种排列类型，请在每种排列后加"（）"备注每种排列的建筑长度，如3×4/12（350m）、2×6/12（1200m）。

若排管的长度或者排管的本体费用大于0，则排管断面不能为空。

同时，若排管的长度或者排管的本体费用大于0，则保护管材质和排管孔径不能为空。

（13）拉管长度（m）。需要注意的是：①请填写拉管长度，若有多种形式长度，填写总长度；②若拉管的本体费用大于0，则拉管的长度输入值也必须大于0，并且拉管的根数、保护管材质、孔径均不能为空。

（14）顶管长度（m）。需要注意的是：①填写顶管总长度，若有不同规格，请填写总长；②若顶管的本体费用大于0，则顶管的长度输入值也必须大于0，并且顶管的根数、保护管材质、孔径均不能为空。

（15）电缆沟长度（m）。需要注意的是：①填写电缆沟总长度，若有不同规格请填写总长度；②若电缆沟的本体费用大于0，则电缆沟的长度输入值也必须大于0，并且电缆沟的沟道断面、材质均不能为空。

（16）直埋长度（m）。若直埋的本体费用大于0，则直埋的长度也必须大于0。

（17）电缆安装本体费用。其中，安装费包括编制年价差。

（18）建筑本体费用合计。建筑本体费用合计 = 明开隧道 + 明开隧道工艺井 + 暗挖隧道 + 暗挖隧道工艺井 + 盾构隧道 + 盾构隧道工艺井 + 隧道穿越段 + 排管 + 排管工艺井 + 拉管（含井）+ 拉管穿越段 + 顶管（含井）+ 顶管穿越段 + 电缆沟本体费用 + 直埋本体费用 + 措施费用 + 通风、排水、照明、消防等费用。

4. 通信设备工程

（1）工程编码。基建管控系统中本工程的唯一编码，应为 14 位工程编码。

（2）工程名称。规范的工程名称，不可直接写为"通信设备工程"或"通信工程"。

5. 通信光缆工程

（1）线路通信方式。光缆、光纤复合架空地线（OPGW）等。

（2）架设方式。数据填报范围一般为架空、直埋、管道、其他。

（3）光缆型号。数据填报范围一般为全介质自承式光缆（ADSS）、OPGW、通信用管道光缆（GYFTZY）、光纤复合相线（OPPC）、其他。

（4）光缆芯数。数据填报范围一般为 16、24、32、36、48、72、108、其他。如果涉及多种型号，计入其他类型。

（5）光缆单价。包含光缆金具的价格。

第二节
能源局造价分析数据收集

一、数据收集范围

能源局造价分析数据收集应遵循以下要求：

（1）变电工程：包括电压等级为110、220、500kV的新建变电站、扩建主变压器、扩建间隔工程。其中110kV变电工程只填报新建变电站及扩建主变压器工程。保护改造工程、安全稳定控制系统工程不用填报。光通信设备工程不单独填报。

（2）电缆输电线路工程：包括35～220kV线路工程（电缆部分）以及单独的电缆输电线路工程。

（3）架空输电线路工程：填报范围是本年度投产的110kV及以上架空输电线路工程。

二、数据字段介绍

能源局造价分析数据收集表中涵盖数据字段共489项，其中变电工程172项、架空线路工程138项和电缆线路工程179项。

1. 变电工程

能源局造价分析变电工程部分分为工程概况表、技经指标表和投资分析表等 3 个表单。

（1）工程概况表。变电工程工程概况表主要涵盖工程投产年份、工程名称、建设性质、工程规模、开竣工日期、配电装置形式、数据填报人信息等字段，变电工程工程概况表见表 2-11。

（2）技经指标表。变电工程技经指标表主要涵盖批复概算和竣工决算两个阶段的主变压器、断路器、电抗器、电容器、串联补偿器、电力电缆、控制电缆、镀锌钢管、场地平整、地基处理、进站道路、站外电源、场地土石方以及征地单价等字段的数量和单价技经指标，变电工程技经指标表见表 2-12。

（3）投资分析表。变电工程投资分析表主要涵盖批复概算和竣工决算阶段投资金额相关数据，变电工程投资分析表见表 2-13。需要特别说明的是，仅需填写表 2-13 中有灰色底的单元格对应的数据字段。

表2-11　变电工程工程概况表

工程名称			设计单位		投产年	
区域	省	市				
建设性质	海拔是否大于2000m			电压等级（kV）	地震烈度（度）	
本期主变压器容量（MVA）	组	MVA		规划容量（MVA）	MVA	
	组	MVA				
	本期规模		远景规模	配电装置		
高压出线（kV）	kV	回	回			是否户内式
中压出线（kV）	kV	回	回			是否户内式
低压出线（kV）	kV	回	回			是否户内式
高压电抗器（Mvar）				是否保护下放		
低压电抗器（Mvar）				是否智能站		
电容器（Mvar）				接地体		

续表

固定串联补偿器总容量（Mvar）		开工日期		
可控串联补偿器总容量（Mvar）		竣工日期		
所址总占地（ha）				
围墙内占地（ha）	总建筑面积（m^2）		进站道路（km）	
备注				
填报人	手机		Email	

表2-12　变电工程技经指标表

单位：元

序号	项目名称	单位	批准概算		竣工决算		备注
			数量	单价	数量	单价	
1	主变压器1	组					
2	主变压器2	组					
2	高压断路器	台					
3	中压断路器	台					
4	高压电抗器	组					
5	低压电抗器	组					
6	低压电容器	组					
7	串联补偿器	组					
8	电力电缆	m					
9	控制电缆	m					

续表

序号	项目名称	单位	批准概算		竣工决算		备注
			数量	单价	数量	单价	
10	镀锌钢管（构支架）	t					
11	镀锌钢管（构架梁）	t					
12	场地平整	项					
13	地基处理	项					
14	进站道路	项					
15	站外电源	项					
16	场平土石方（挖方）	m³					
17	场平土石方（填方）	m³					
18	征地单价	元/亩					

表2-13　变电工程投资分析表

填写区域　　　　　　　　　　　　　单位：万元

序号	费用名称	批准概算					竣工决算					备注
		建筑费	设备费	安装费	其他费	合计	建筑费	设备费	安装费	其他费	合计	
一	主辅生产工程											
1	主要生产工程											
2	辅助生产工程											
二	与所址有关的单项工程											
	小计											
三	编制年差价											
四	其他费用											
	其中：1.场地征用及清理											
五	基本预备费											
六	特殊项目											
六	工程静态投资											

续表

序号	费用名称	批准概算					竣工决算					备注
		建筑费	设备费	安装费	其他费	合计	建筑费	设备费	安装费	其他费	合计	
七	建设期贷款利息											
	工程动态投资											
	其中：可抵扣固定资产增值税额											

2. 架空线路工程

能源局造价分析架空线路工程部分也分为工程概况表、技经指标表和投资分析表 3 个表单。

（1）工程概况表。架空线路工程工程概况表主要涵盖工程投产年份、工程名称、地形条件、导线截面积、导线型式、地线型号及根数、开竣工日期、数据填报人信息等字段。架空线路工程工程概况表见表 2-14。

（2）技经指标表。架空工程技经指标表主要涵盖批复概算和竣工决算两个阶段的路径长度、杆塔基数、交叉跨越情况、导线数量及单价、塔材数量及单价、地线数量、基础钢材、导线绝缘子、混凝土、土石方、材料合计费用等技经指标，架空线路工程技经指标表见表 2-15。

（3）投资分析表。架空线路工程投资分析表主要涵盖批复概算和竣工决算阶段投资资金额相关数据，架空线路工程投资分析表见表 2-16。需要特别说明的是，仅需填写表 2-16 中加灰色色底的单元格对应的数据字段。

表2-14　架空线路工程工况表

已校核　投产年

工程名称		设计单位		
区域		省		市
电压等级（kV）	回路数			
最大风速（m/s）		海拔是否大于2000m		
		覆冰厚度（mm）		
地形比例（%）				
平地	高山大岭		沙漠	丘陵
泥沼	山地		河网	峻岭
导线截面积（mm²）	分裂数	导线形式		是否OPGW
地线型号	地线根数	转角塔比例（%）		主要基础形式
单回路（km）	双回路（km）	三回路（km）		四回路（km）
				折合单回（km）
开工日期		竣工日期		
备注				
填报人	手机	Email		

表 2-15 架空线路工程技经指标表

序号	项目名称	单位	概算指标	决算指标	备注
1	路径长度（折合单回）	km			
2	杆塔基数	基			
3	其中混凝土杆	基			
4	交叉跨越铁路高压（10kV 以上）	处			
4	交叉跨越低压	处			
5	导线	t/km			
5	材料单价	元/t			
6	塔材	t/km			
6	材料单价	元/t			
7	地线	t/km			
7	基础钢材	t/km			
8	导线绝缘子（不含成合绝缘子）	片/km			

续表

序号	项目名称	单位	概算指标	决算指标	备注
8	导线绝缘子（合成绝缘子）	支/km			
9	混凝土	m³/km			
	其中现浇基础	m³/km			
	灌注桩基础	m³/km			
	预制拉盘基础	m³/km			
	土石方	m³/km			
10	其中基坑	m³/km			
	材料合计	万元			
11	永久占地单价	元/亩			

表 2-16 架空线路工程投资分析表

单位：万元

序号	费用名称	批准概算			竣工决算			填写区域 备注
		安装费	装材费	合计	安装费	装材费	合计	
一	送电线路本体工程							
1	土石方工程							
2	基础工程							
3	接地工程							
4	杆塔工程							
5	架线工程							
6	附件工程							
7	辅助工程							
	辅助设施工程和费用							
二	小计							
三	编制年价差							
四	其他费用							
	其中：1. 场地征用及清理							
五	基本预备费							
	特殊费用							
六	工程静态投资							

续表

序号	费用名称	批准概算			竣工决算			备注
		安装费	装材费	合计	安装费	装材费	合计	
七	建设期贷款利息							
	工程动态投资							
	其中：可抵扣固定资产增值税额							

3. 电缆线路工程

能源局造价分析电缆线路工程部分也分为工程概况表、技经指标表和投资分析表 3 个表单。

（1）工程概况表。电缆线路工程工程概况表主要涵盖工程名称、工程投产年份、工程投资单位、设计单位、土建参数、土建施工方法、地质条件、电缆和光缆牌号及芯数、运距、开竣工日期、电缆截面积、设计时间、数据填报人信息等字段。电缆线路工程工程概况表见表 2-17。

（2）技经指标表。电缆线路工程技经指标表主要涵盖工程批复概算和竣工决算两个阶段的电缆折单回长度、电缆材料单价、光缆长度及单价、电缆接头数量及单价、电缆沟混凝土、电缆沟长度、电缆支架、土石方、材料合计费用、永久占地单价等技经指标，电缆线路工程技经指标表见表 2-18。

（3）投资分析表。电缆线路工程投资分析表主要涵盖批复概算和竣工决算阶段投资金额相关数据，电缆线路工程投资分析表见表 2-19。需要特别说明的是，工程投资分析表见表 2-19 中加灰色底的单元格对应的数据字段。

表2-17 电缆线路工程工程概况表

区域	省	市	海拔是否大于2000m	投产年
工程名称		电压等级（kV）	回路数	折单回长度（km）
设计单位		设计资质	输送容量（MVA）	电缆沟总长（km）
土建				电缆截面积（mm²）
隧道长（m）	隧道宽（m）	隧道高（m）		
排管长（m）	排管排（排）	排管孔（孔）	排管列（列）	
桥架长（m）	桥架排（排）	桥架孔（孔）	桥架列（列）	
沟道长（m）	沟道排（排）	沟道孔（孔）	沟道列（列）	
直埋长（m）	直埋宽（m）	直埋埋深（m）		
井（座）	电缆	光缆	土建施工方法	地质
直线井	牌号1	牌号1	浅埋暗挖（m）	普通土（m³）

续表

转角井	芯数1	芯数1	盾构（m）	淤泥（m³）
三通井	牌号2	牌号2	顶管（m）	坚土（m³）
四通井	芯数2	芯数2	拉管（m）	人力运距（km）
		设备材料采购时间	开挖（m）	汽车运距（km）
开工日期	竣工日期		其他（m）	余土运距（km）
备注				
填报人	手机	Email		

表 2-18　电缆线路工程技经指标表

序号	项目名称	单位	概算指标	决算指标	备注
1	电缆回长（折合单回）	km			
2	电缆材料单价	元/m			
3	光缆长度	km			
4	光缆材料单价	元/m			
5	中间接头	个			
	GIS 接头	个			
	GIS 接头单价	元/个			
	空气接头	个			
	空气接头单价	元/个			
6	终端接头	个			
	GIS 接头	个			
	GIS 接头单价	元/个			

续表

序号	项目名称	单位	概算指标	决算指标	备注
6	空气接头	个			
7	空气接头单价	元/个			
8	电缆沟混凝土	m³/km			
9	电缆沟长度	m			
10	电缆支架	t/km			
11	土石方	m³/km			
12	其中：基坑	m³/km			
	材料合计	万元			
	永久占地单价	元/km			

表2-19　电缆线路工程投资分析表

单位：万元

序号	费用名称	批准概算					竣工决算					备注
		建筑费	设备费	安装费	其他费	合计	建筑费	设备费	安装费	其他费	合计	
一	电缆本体工程											
1	隧道											
1.1	明开隧道											
1.2	暗挖隧道											
1.3	盾构隧道											
2	排管											
3	桥架											
4	沟道											
5	直埋											
	辅助设施工程和其他费用											
二	小计											

填写区域

续表

序号	费用名称	批准概算					竣工决算					备注
		建筑费	设备费	安装费	其他费	合计	建筑费	设备费	安装费	其他费	合计	
三	编制年价差											
四	其他费用											
	其中：1. 场地征用及清理											
五	基本预备费											
	特殊费用											
六	工程静态投资											
	建设期贷款利息											
七	工程动态投资											
	其中：可抵扣固定资产增值税额											

三、数据填报注意事项

本节主要重点强调数据填报过程中容易出现错误的数据字段。

1. 变电工程

（1）工程概况表。需要注意以下问题：

1）当建设性质选择新建变电站、扩建主变压器时，本期主变压器组数与每组容量为必填项目。

2）填报工程的电压等级为变电站的最高电压等级。例如：500kV 变电站扩建 220kV 出线时，工程电压等级选择为 500kV, 220kV 出线回数在中压出线栏填写。

3）高压电抗器、低压电抗器、电容器、固定串联补偿器总容量、可控串联补偿器总容量等容量填写总容量，单位为 Mvar。

4）所址总占地、围墙内占地的单位为"ha（公顷）"；建筑面积单位为 m^2，进站道路单位为 km。

5）请务必注意 1ha=15 亩 =10000m^2；1 亩 =666.67m^2 等单位换算问题。

（2）技经指标表。填报需要注意以下问题：

1）本表中填报数据单价的单位是元。

2）当工程概况表中建设性质选择新建变电站、扩建主变压器时，本表中主变压器的数量与单价为必填项目。主变压器数量的单位是组。

3）当工程概况表中高压出线与中压出线填报数据时，本表中的高压断路器、中压断路器的数量与单价为必填项目。断路器的数量及单价不含母线设备间隔、备用间隔等。填报单价要与工程概况表中填报的配电装置型式对应。

4）电力电缆与控制电缆的单位是 m，单价只包含含税材料费用，不包含安装费用。

5）场地平整、地基处理、进站道路、站外电源数量的单位是项，数量填写1。

6）征地单价中数量的单位为亩，单价单位为元/亩。

（3）投资分析表。本表中只可以在有颜色的区域填报数据，填报数据的单位是万元，且每一个数据字段均为必填项。

2. 架空线路工程

请关注表间关系。工程概况表给出的单回长、双回长、四回长、折单回全长为决算数据，与主要技术经济指标表中路径长度（折合单回）的结算指标一致。

（1）工程概况表。

1）备注用于填写各个工程的特殊情况，如是否存在导线单侧挂线，若存在则注明长度；是否存在改造部分，改造的范围；是否存在一期基础、立塔已完成，本期只架线的情况；是否存在特殊形式的导线，以及其使用长度和范围；工程计价使用预规为哪一版；其他需要说明的情况。

2）回路数，若存在不同的回路数，选择路径长度最长的一段代表本工程的回路数。

3）地形比例，各段地形比例之和应为100%。请注意单位为百分数。

4）导地线型式、分裂数，具体如下：

a. 导线型式选择有钢芯铝绞线、铝包钢、合金、其他四种，当使用碳纤维导线时请选择"其他"；如工程部分使用碳纤维导线，则在备注中注明碳纤维导线的长度。

b. 当导线截面不分裂时，分裂数填1。

c. 地线型号请完整填写牌号，如JLB20A-80等；如为1根OPGW+1根地线，则在是否OPGW框中勾选，并在地线牌号处同时注明地线型号及

OPGW 芯数与截面积，如 JLB20A-80+24 芯 OPGW-80。

5）线路长度：单回路、双回路、三回路、四回路请填写决算长度，折合单回长度为单回 + 双回 ×2+ 三回 ×3+ 四回 ×4= 折单回全长。若存在其他回路数请在备注中标明相关长度与回路数。

6）转角塔比例为百分数。

（2）技经指标表。

1）路径长度为折合单回长度。

2）备注用于注明各指标的特殊性，如导线公里指标低时是否存在单侧挂线等，混凝土及土石方单公里指标异常时请注明基础型式或者其他情况。

3）导线、塔材、地线、基础钢材、导线绝缘子、混凝土、土石方为单公里指标。

4）导线、塔材材料单价：概算指标、决算指标分别为概算中的市场价和实际工程结算价。请注意单位为元 /t。

5）征地单价中数量的单位为亩，单价单位为元 / 亩。请注意此处的单价指的是塔基永久占地每亩单价。

（3）投资分析表。

1）本表只可以在有颜色的区域填报数据，填报数据的单位是万元，且每一个数据字段均为必填项。

2）请注意批准概算、竣工决算中建设场地征用及清理费的准确性。

3. 电缆线路工程

（1）工程概况表。

1）包含在线路工程中的电缆工程部分，请注明"×× 线路工程（电缆部分）"，在电缆工程中填报。

2）隧道、排管、桥架、沟道、直埋长度之和按工程实际情况填写。

3）土建施工方法按照实际工程情况填写。

4）电缆、光缆牌号注意完整性，包含规格、电压等级、截面积、分裂数等信息，例如 FY–YJLW03–Z 64/110 1 × 500mm^2。

（2）技经指标表。

1）电缆、光缆材料单价分别为概算中的市场价和实际工程结算价，请注意单位。

2）电缆沟混凝土、电缆支架、土石方为单公里指标。

3）与工程量相关的特殊情况请在相应的备注中说明。

（3）投资分析表。

1）本表只可以在有颜色的区域填报数据，填报数据的单位是万元，且每一个数据字段均为必填项。

2）请注意批准概算、竣工决算中建设场地征用及清理费的准确性。

❓ **思考题**

1. 国网造价分析数据填报过程中，如遇工程尚未完成决算，"暂估费用"如何填报？

2. 能源局造价分析数据填报过程中，所填工程的电压等级如何确定？

3. 数据填报过程中，设备材料单价填写含税价格还是除税价格？

第三章

指标计算

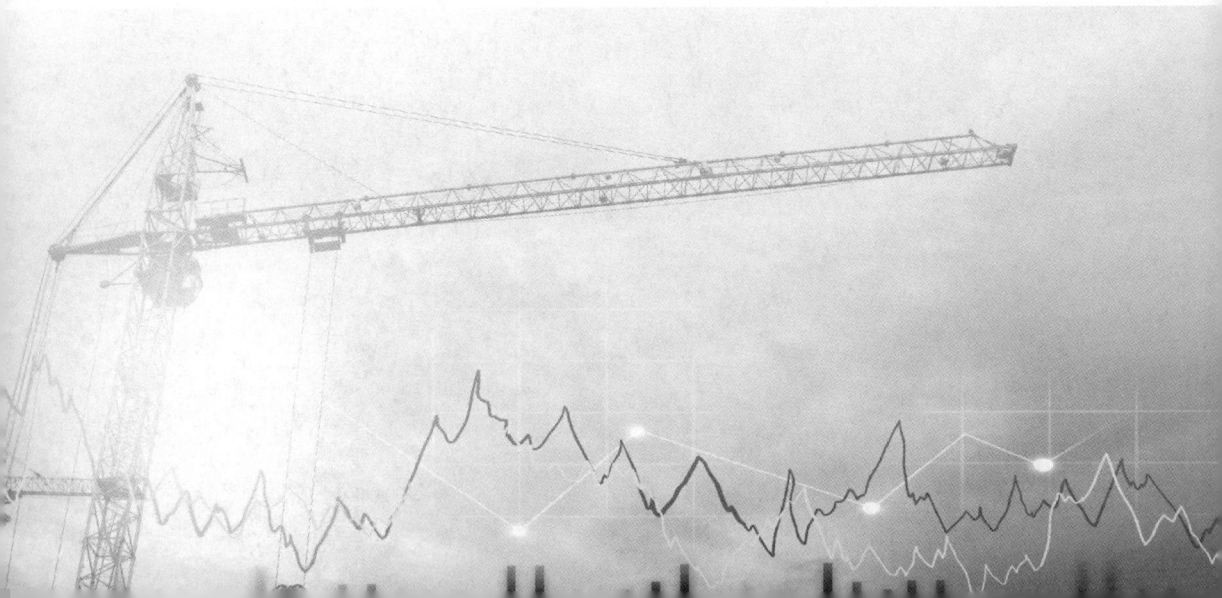

第一节
变电工程

一、总体造价指标

（1）新建变电工程单位容量造价（元/kVA）=Σ 新建变电工程静态投资/Σ 本期变电容量。

（2）扩建变电工程单位容量造价（元/kVA）=Σ 扩建变电工程静态投资/Σ 本期变电容量。

（3）扩建间隔工程单位造价（万元/间隔）=Σ 扩建间隔工程静态投资/Σ 扩建出线间隔数量。

二、分项费用指标

（1）变电工程单位容量建筑工程费用（元/kVA）=Σ 建筑工程费/Σ 本期变电容量。

（2）变电工程单位容量设备购置费（元/kVA）=Σ 设备购置费/Σ 本期变电容量。

（3）变电工程单位容量安装工程费（元/kVA）=Σ 安装工程费/Σ 本

期变电容量。

（4）变电工程单位容量其他费用（元/kVA）=Σ 其他费用/Σ 本期变电容量。

（5）建筑工程费用占比（%）=Σ 变电工程建筑工程费用/Σ 变电工程静态投资 ×100%。

（6）安装工程费用占比（%）=Σ 变电工程安装工程费用/Σ 变电工程静态投资 ×100%。

（7）设备购置费用占比（%）=Σ 变电工程设备购置费用/Σ 变电工程静态投资 ×100%。

（8）其他费用占比（%）=Σ 变电工程其他费用/Σ 变电工程静态投资 ×100%。

三、变化率指标

1. 各阶段投资变化率

（1）概算较估算变化率（%）=Σ（变电工程概算动态投资 — 变电工程估算动态投资）/Σ 变电工程估算动态投资 ×100%。

（2）预算较概算变化率（%）=Σ（变电工程预算动态投资 — 变电工程概算动态投资）/Σ 变电工程概算动态投资 ×100%。

（3）决算较概算变化率（%）=Σ（变电工程决算动态投资 — 变电工程概算动态投资）/Σ 变电工程概算动态投资 ×100%。

（4）决算较预算变化率（%）=Σ（变电工程决算动态投资 — 变电工程预算动态投资）/Σ 变电工程预算动态投资 ×100%。

这里需要强调的是投资变化率的含义，以决算较概算变化率为例，若变化率为负值，代表决算较概算有所结余；若变化率为正值，则代表决算超概算。

2. 分项费用投资变化率贡献度

（1）建筑工程费投资变化率贡献度 =Σ（建筑工程决算投资－建筑工程概算投资）/Σ 概算动态投资 ×100%。

（2）设备购置费投资变化率贡献度 =Σ（设备购置决算投资－设备购置概算投资）/Σ 概算动态投资 ×100%。

（3）安装工程费投资变化率贡献度 =Σ（安装工程决算投资－安装工程概算投资）/Σ 概算动态投资 ×100%。

（4）其他费用投资变化率贡献度 =Σ（变电工程其他费用决算投资－变电工程其他费用概算动态投资）/Σ 变电工程概算动态投资 ×100%。

3. 单位造价变化率

（1）新建变电站单位容量造价变化率（%）=（报告期单位容量造价－基期单位容量造价）/基期单位容量造价 ×100%。

（2）扩建变电工程单位容量造价变化率（%）=（报告期单位容量造价－基期单位容量造价）/基期单位容量造价 ×100%。

（3）扩建间隔工程单位造价变化率（%）=（报告期单位间隔造价－基期单位间隔造价）/基期单位间隔造价 ×100%。

第二节
架空线路工程

一、总体造价指标

（1）单位长度造价（万元 /km）= Σ 架空线路工程静态投资 / Σ 架空线路折单长度。

（2）单位容量长度造价 { 元 / [kVA（kW）· km] }= Σ 架空线路工程静态投资 / Σ 架空线路容量长度积。

其中：

1）单位容量长度造价是反映架空线路工程单位经济输送容量下的单位长度造价。

2）架空线路容量长度积 = 经济输送容量 × 架空线路折单长度。

3）经济输送容量 =1.732 × 1.15 × 电压等级 × 导线分裂数 × 导线截面积。

二、分项费用指标

（1）单位容量长度本体费用 { 元 / [kVA（kW）· km] }= Σ 架空线路工

程本体费用 /Σ 架空线路容量长度积。

（2）单位长度本体费用（万元/km）=Σ 架空线路工程本体费用 /Σ 架空线路折单长度。

（3）单位容量长度其他费用 {元/[kVA（kW）·km]}=Σ 架空线路工程其他费用 /Σ 架空线路容量长度积。

（4）单位长度其他费用（万元/km）=Σ 架空线路工程其他费用 /Σ 架空线路折单长度。

（5）本体费用占比（%）=Σ 架空线路工程本体费用 /Σ 架空线路工程静态投资 ×100%。

（6）辅助设施费用占比（%）=Σ 架空线路工程辅助设施费用 /Σ 架空线路工程静态投资 ×100%。

（7）其他费用占比（%）=Σ 架空线路工程其他费用 /Σ 架空线路工程静态投资 ×100%。

三、变化率指标

1. 各阶段投资变化率

（1）概算较估算变化率（%）=Σ（架空线路工程概算动态投资－架空线路工程估算动态投资）/Σ 架空线路工程估算动态投资 ×100%。

（2）预算较概算变化率（%）=Σ（架空线路工程预算动态投资－架空线路工程概算动态投资）/Σ 架空线路工程概算动态投资 ×100%。

（3）决算较概算变化率（%）=Σ（架空线路工程决算动态投资－架空线路工程概算动态投资）/Σ 架空线路工程概算动态投资 ×100%。

（4）决算较预算变化率（%）=Σ（架空线路工程决算动态投资－架空线路工程预算动态投资）/Σ 架空线路工程预算动态投资 ×100%。

2. 分项费用投资变化率贡献度

（1）本体费用投资变化率贡献度 =Σ（架空线路工程本体费用决算投资－架空线路工程本体费用概算投资）/Σ 架空线路工程概算动态投资 ×100%。

（2）其他费用投资变化率贡献度 =Σ（架空线路工程其他费用决算投资－架空线路工程其他费用概算动态投资）/Σ 架空线路工程概算动态投资 ×100%

3. 单位造价变化率

（1）单位长度造价变化率（%）=（报告期架空线路工程单位长度造价－基期架空线路工程单位长度造价）/ 基期架空线路工程单位长度造价 ×100%。

（2）单位容量长度造价变化率（%）=（报告期架空线路工程单位容量长度造价－基期架空线路工程单位容量长度造价）/ 基期架空线路工程单位容量长度造价 ×100%。

第三节
电缆线路工程

一、总体造价指标

（1）单位长度造价（万元/km）=Σ电缆线路安装工程静态投资/Σ电缆线路安装折单（三相）长度+Σ电缆线路建筑工程静态投资/Σ电缆线路建筑长度。

（2）单位长度安装工程造价（万元/km）=Σ电缆线路安装工程静态投资/Σ电缆线路安装折单（三相）长度。

（3）单位长度建筑工程造价（万元/km）=Σ电缆线路建筑工程静态投资/Σ电缆线路建筑长度。

需要注意的是，电缆线路安装工程静态投资包含设备购置费，单位长度造价指标仅适用于报告期同时包含安装工程和建筑工程的电缆线路工程。

二、分项费用指标

（1）电缆线路单位长度本体费用（万元/km）=电缆线路单位长度安

装工程本体费用（万元/km）+ 电缆线路单位长度建筑工程本体费用（万元/km）。

（2）电缆线路单位长度安装工程本体费用（万元/km）= Σ 电缆线路安装工程本体费用 /Σ 电缆线路安装折单（三相）长度。

（3）电缆线路单位长度建筑工程本体费用（万元/km）= Σ 电缆线路建筑工程本体费用 /Σ 电缆线路建筑长度。

（4）电缆工程单位长度其他费用（万元/km）= Σ 电缆线路安装工程其他费用 /Σ 电缆线路安装折单（三相）长度 +Σ 电缆线路建筑工程其他费用 /Σ 电缆线路建筑长度。

（5）电缆线路单位长度安装工程其他费用 = Σ 电缆线路安装工程其他费用 /Σ 电缆线路安装折单（三相）长度。

（6）电缆线路单位长度建筑工程其他费用 = Σ 电缆线路建筑工程其他费用 /Σ 电缆线路建筑长度。

（7）建筑工程本体费用占比（%）= Σ 电缆线路建筑工程本体费用 /Σ 电缆线路工程静态投资 ×100%。

（8）安装工程本体费用占比（%）= Σ 电缆线路安装工程本体费用 /Σ 电缆线路工程静态投资 ×100%。

（9）其他费用占比（%）=（Σ 电缆线路建筑工程其他费用 +Σ 电缆线路安装工程其他费用）/Σ 电缆线路工程静态投资 ×100%。

三、变化率指标

1. 各阶段投资变化率

（1）概算较估算变化率（%）= Σ（电缆线路工程概算动态投资 — 电缆线路工程估算动态投资）/Σ 电缆线路工程估算动态投资 ×100%。

（2）预算较概算变化率（％）＝Σ（电缆线路工程预算动态投资—电缆线路工程概算动态投资）／Σ 电缆线路工程概算动态投资 ×100％。

（3）决算较概算变化率（％）＝Σ（电缆线路工程决算动态投资—电缆线路工程概算动态投资）／Σ 电缆线路工程概算动态投资 ×100％。

（4）决算较预算变化率（％）＝Σ（电缆线路工程决算动态投资—电缆线路工程预算动态投资）／Σ 电缆线路工程预算动态投资 ×100％。

2. 分项费用投资变化率贡献度

（1）本体费用投资变化率贡献度 ＝Σ（电缆线路工程本体费用决算投资—电缆线路工程本体费用概算投资）／Σ 电缆线路工程概算动态投资 ×100％。

（2）其他费用投资变化率贡献度 ＝Σ（电缆线路工程其他费用决算投资—电缆线路工程其他费用概算动态投资）／Σ 电缆线路工程概算动态投资 ×100％。

3. 单位造价变化率

单位长度造价变化率（％）＝（报告期电缆线路工程单位长度造价—基期电缆线路工程单位长度造价）／基期电缆线路工程单位长度造价 ×100％。

第四节
系统通信工程

一、总体造价指标

（1）通信工程单站造价（万元 / 站）= Σ 通信工程静态投资 /Σ 通信工程数量。

（2）光缆线路工程单位长度造价（万元 /km）= Σ 光缆线路工程静态投资 /Σ 光缆线路工程线路长度。

二、变化率指标

1. 各阶段投资变化率

（1）概算较估算变化率（%）= Σ（通信工程概算动态投资—通信工程估算动态投资）/Σ 通信工程估算动态投资 ×100%。

（2）预算较概算变化率（%）= Σ（通信工程预算动态投资—通信工程概算动态投资）/Σ 通信工程概算动态投资 ×100%。

（3）决算较概算变化率（%）= Σ（通信工程决算动态投资—通信工程

概算动态投资）/Σ 通信工程概算动态投资 ×100%。

（4）决算较预算变化率（%）=Σ（通信工程决算动态投资—通信工程预算动态投资）/Σ 通信工程预算动态投资 ×100%。

2.单位造价变化率

（1）通信设备工程单站造价变化率（%）=（报告期单站造价—基期单站造价）/ 基期单站造价 ×100%。

（2）通信光缆工程单位长度造价变化率（%）=（报告期单位长度造价—基期单位长度造价）/ 基期单位长度造价 ×100%。

❓ 思考题

1. 变电工程总体造价指标有哪些？如何进行指标计算？

2. 架空线路工程各阶段投资变化率指标有哪些？投资变化率指标计算过程中采用动态投资还是静态投资？

3. 各专业总体造价指标计算过程中采用动态投资还是静态投资？

第四章

报告编制

第一节
输变电工程造价分析研究报告

一、注意事项

输变电工程造价分析报告编制过程中，应重点注意以下四个方面：

（1）计算单位造价指标应采用含增值税的决算数据，除工程投资精准性分析采用动态投资外，其余章节均采用静态投资。

（2）变电工程分新建、扩建主变压器、扩建间隔三类进行造价分析，架空线路工程、电缆线路工程造价分析以长线路工程为主，系统通信工程造价分析按照通信设备工程、光缆线路工程进行分析。

（3）造价分析工作主要采用对比分析法、比率分析法、环比分析法等。

（4）输变电工程造价分析研究报告主要由造价水平及趋势分析和通用设计方案造价水平分析两个模块内容组成，报告大纲见附录。

二、报告内容

1. 造价水平及趋势分析

造价水平趋势分析包括近五年整体趋势规律分析、年度工程造价水平分析和工程投资精准性分析。

（1）近五年整体趋势规律分析。主要分析近五年输变电工程造价水平、分项费用占比、投资精准性及变化趋势，回顾五年来主要设备材料价格以及建场费等变化情况，解析影响造价变化原因，支撑后续工程造价管理工作。

（2）年度工程造价水平分析。主要分析上年度投产的 35 ~ 500kV 输变电工程总体建设规模、工程造价水平、费用构成，展示量、价、费核心技术经济指标，充分掌握上年度投产工程的造价管理情况。

（3）工程投资精准性分析。主要分析估算、概算、预算、决算各阶段的精准性，从绝对值和相对值两个方面对比各省公司决算较概算节余情况，总结偏差原因；分析不同工程类型、不同省份的建场费节余情况，为造价高质量控制提供支撑。

2. 通用设计方案造价水平分析

通用设计方案造价水平分析主要是筛选应用较广的通用设计技术方案，展示各技术方案造价水平，分析相同技术方案不同年度造价变化等，形成各类通用设计方案平均造价水平，支撑通用设计方案标准参考价制定。具体步骤如下：

（1）通用设计方案确定。变电工程是以本期主变压器容量、高压侧配电装置型式和变电站型式属性组合进行技术方案归类，并按照通用设计方案工程应用占比由高到低排序确定方案。架空线路工程是以回路数、导线截面积等属性组合进行技术方案归类，并按照通用设计方案工程应用占比由高到低排序确定方案。电缆线路工程和通信工程不做相关分析。

（2）通用设计方案造价纵向对比分析。变电工程以单站静态投资作为分析指标，测算各电压等级各类通用设计方案平均单站造价和建筑工程费、安装工程费、设备购置费、其他费用等四项费用，从建筑工程、安装工程、设备材料、其他费用的量、价、费等角度分析造价变化的原因，包括站址条件、建筑物类型、设备价格、变电站接地型式、建场费等。架空线路工程是测算各电压等级架空线路各类通用设计方案单位长度造价和分项费用，与上一年度相同方案造价水平进行对比，从本体工程、其他费用的量、价、费等角度分析造价水平变化的原因，包括路径、地形、塔材和线材的工程量及价格、建场费等。

（3）通用设计方案造价横向对比分析。变电工程是针对各通用设计方案，按照各地市公司平均单站造价由高到低进行排序，分析造成差异的主要原因，包括站址条件、建筑物类型、设备价格、变电站接地型式、建场费等。架空线路工程是针对各通用设计方案，按照各地市公司单位长度造价由高到低进行排序，从本体工程、其他费用的量、价、费等角度分析造成差异的主要原因，包括路径、地形、塔材和线材的工程量及价格、建场费等。

第二节
造价分析专题报告

造价分析专题报告即围绕公司战略目标，紧密结合国家政策、新技术等发展变化，选定特定的专题开展深入研究，总结管理经验形成的报告，用于指导后续工程建设和造价管控。

省公司造价分析专题报告的选题可以是国家电网有限公司指定，也可以结合本省电网发展特点自主选题。常规选题类型举例如下：重点费用管理成效分析、造价管理精准度专项分析、新技术应用工程造价分析、其他类型专项分析等。

❓ **思考题**

1. 输变电工程造价分析研究报告主要分为哪些模块内容？

2. 架空线路工程和电缆线路工程造价分析过程中路径较短的工程如何处理？

3. 造价分析专题报告选题原则和方向有哪些？

附　录

输变电工程造价分析研究报告大纲

1
概述

1.1　研究范围

本报告分析范围为 20×× 年 1 月 1 日 ～ 20×× 年 12 月 31 日，国网 ×× 省电力公司（以下简称"公司"）范围内竣工投产的 35 ～ 500kV 变电工程、架空线路工程、电缆线路工程以及通信工程，共收集了 ×× 项工程数据，决算静态总投资 ×× 亿元。

其中，变电工程 ×× 项，新增变电容量 ××MVA，静态投资 ×× 亿元；架空线路工程 ×× 项，新增架空线路长度 ××km（折单），静态投资 ×× 亿元；电缆线路工程 ×× 项，新增电缆线路长度 ××km（折单回三相），静态投资 ×× 亿元；通信工程 ×× 项，静态投资 ×× 亿元。

1.2　研究内容及框架

在广泛调研的基础上，应用输变电工程技术经济指标体系确定的各级指标，采用总体情况统计和典型技术方案剖析方法，分析年度工程造价水平与结构的变化情况。同时将近五年造价分析数据加入纵向对比，分析五年总体和分项造价水平及变化趋势，揭示造价变化的内在规律。工程造价分析工作流程图如图 1-× 所示。

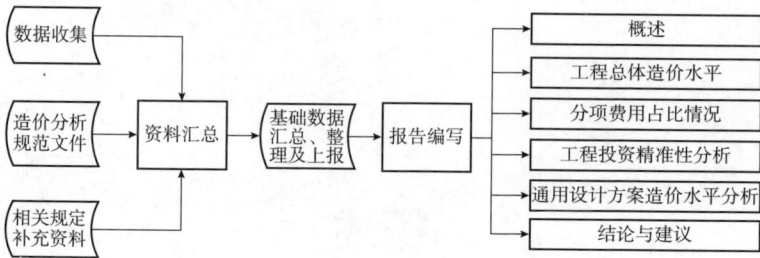

图 1-×　工程造价分析系统信息流程图

本报告共 6 章，包括概述、工程总体造价水平、分项费用占比情况、工程投资精准性分析、通用设计方案造价水平分析、结论与建议。

2
工程总体造价水平

2.1　样本分析

　　按照不同电压等级和工程类型分别统计本年度输变电工程投资及占比情况。

　　20××年，公司范围内竣工投产的输变电工程共 ×× 项，静态总投资 ×× 亿元，20×× 年公司样本分类统计情况见表 2-×。

表2-×　20××年公司样本分类统计情况

工程类型	电压等级	工程数量（项）	静态投资（亿元）	投资占比
变电工程	500kV	…	…	…
	220kV	…	…	…
	110kV	…	…	…
	35kV	…	…	…
	小计	…	…	…
架空线路工程	500kV	…	…	…
	220kV	…	…	…

续表

工程类型	电压等级	工程数量（项）	静态投资（亿元）	投资占比
架空线路工程	110kV	…	…	…
	35kV	…	…	…
	小计	…	…	…
电缆线路工程	500kV	…	…	…
	220kV	…	…	…
	110kV	…	…	…
	35kV	…	…	…
	小计	…	…	…
通信工程	500kV	…	…	…
	220kV	…	…	…
	110kV	…	…	…
	35kV	…	…	…
	小计	…	…	…
合计		…	…	…

2.1.1 样本总体情况

2.1.1.1 变电工程样本情况

统计本年度变电工程样本分类情况。

20×× 年，公司投产变电工程共 ×× 项，静态总投资 ×× 亿元。其中，500kV 工程 ×× 项，静态投资 ×× 亿元；220kV 工程 ×× 项，静态投资 ×× 亿元；110kV 工程 ×× 项，静态投资 ×× 亿元；35kV 工程 ×× 项，静态投资 ×× 亿元，20×× 年变电工程样本分类统计情况见表 2-×。

表2-×　20××年变电工程样本分类统计情况

电压等级	工程类型	工程数量（项）	规模（单位）		静态投资（万元）
500kV	新建工程	...	...	MVA	...
	扩建主变	...	...	MVA	...
	扩建间隔	...	...	间隔	...
	其他	...			...
220kV	新建工程	...	...	MVA	...
	扩建主变	...	...	MVA	...
	扩建间隔	...	...	间隔	...
	其他	...			...
110kV	新建工程	...	...	MVA	...
	扩建主变	...	...	MVA	...
	扩建间隔	...	...	间隔	...
	其他	...			...
35kV	新建工程	...	...	MVA	...
	扩建主变	...	...	MVA	...
	扩建间隔	...	...	间隔	...
	其他	...			
合计		294			549298

2.1.1.2　线路工程样本情况

统计本年度架空线路、电缆线路工程样本分类情况。

（1）架空线路工程。20××年，公司投产架空线路工程共××项，折合单回总长度××km，静态总投资××亿元。其中，500kV线路工程××项，静态投资××亿元；220kV线路工程××项，静态投资××亿元；110kV线路工程××项，静态投资××亿元；35kV线路工程××项，静态投资××亿元。架空线路工程样本分类统计情况见表2-×。

表2-×　架空线路工程样本分类统计情况

电压等级	工程数量（项）	折合单回线路长度（km）	静态投资(万元)
500kV	...	...	...
220kV	...	...	...
110kV	...	...	...
35kV	...	...	...
合计	...	...	...

（2）电缆线路工程。20××年，公司投产电缆线路工程共计××项，折合单回三相总长度××km，静态总投资××亿元。其中，220kV电缆线路工程××项，静态投资××亿元；110kV线路工程××项，静态投资××亿元；35kV线路工程××项，静态投资××亿元。电缆线路工程样本分类统计情况见表2-×。

表2-×　电缆线路工程样本分类统计情况

电压等级	工程数量（项）	折合单回三相线路长度（km）	静态投资（万元）
220kV	...	...	...
110kV	...	...	...
35kV	...	...	...
合计	...	...	...

2.1.2　样本分布情况

分别统计各电压等级变电工程、架空线路工程（剔除短线路等特殊情况样本）和电缆线路工程数量和工程投资。

2.1.2.1 变电工程样本分布

20×× ~ 20×× 年 ××kV 变电工程样本情况见表 2-×。

表2-× 20×× ~ 20×× 年 ××kV变电工程样本情况

年份	新建工程									扩建主变压器		
	工程数量	容量规模（MVA）	投资规模（万元）	高压侧配电装置型式占比（%）		变电站建筑型式占比（%）				工程数量	容量规模（MVA）	投资规模（万元）
				GIS及HGIS	AIS	户内	户外	半户内	其他			
20××年	…	…	…	…	…	…	…	…	…	…	…	…
20××年	…	…	…	…	…	…	…	…	…	…	…	…
较20××年增长率%												

2.1.2.2 架空线路工程样本分布

20×× ~ 20×× 年 ××kV 架空线路工程样本情况见表 2-×。

表2-× 20×× ~ 20×× 年 ××kV架空线路工程样本情况对比

年份	工程数量	静态投资（万元）	线路长度					地形分布情况%					轻冰区路径长度占比	中冰区路径长度占比	重冰区路径长度占比
			单回	双回	三回	四回	只挂线	平地	丘陵	河网泥沼	山地	高山			
20××年	…	…	…	…	…	…	…	…	…	…	…	…	…	…	…
20××年	…	…	…	…	…	…	…	…	…	…	…	…	…	…	…
较20××年增长率%															

注　占比情况采用路径长度计算。

2.1.2.3 电缆线路工程样本分布

20×× ~ 20×× 年 ××kV 电缆线路工程样本分布见表 2-× 。

表2-× 20×× ~20×× 年××kV电缆线路工程样本情况对比

年份	数量	电缆长度（折单回三相)(米）	安装工程静态投资（万元）	建筑工程全长(米）	建筑工程静态投资（万元）
20× × 年	…	…	…	…	…
20× × 年	…	…	…	…	…
较 20× × 年增长率 %	…	…	…	…	…

2.2 五年造价水平和变化趋势

过去五年间，变电工程、线路工程、通信工程平均单位造价总体变化趋势（上涨或下降）。

2.2.1 变电工程

20×× ~ 20×× 年变电新建工程各电压等级单位容量造价变动趋势见表 2-× 和表 2-× 。

表2-× 20×× ~20×× 年变电新建工程单位容量造价对比

电压等级	单位容量造价（元 /kVA)				
	20×× 年	20×× 年	20×× 年	20×× 年	20×× 年
500kV	…	…	…	…	…
220kV	…	…	…	…	…
110kV	…	…	…	…	…
35kV	…	…	…	…	…

表2-×　20×× ~20××年变电新建工程单位容量造价变化率

电压等级	单位容量造价变化率（%）				
	20××年	20××年	20××年	20××年	20××年
500kV	…	…	…	…	…
220kV	…	…	…	…	…
110kV	…	…	…	…	…
35kV	…	…	…	…	…

（1）500kV 变电工程。20×× ~ 20×× 年，500kV 新建变电工程造价水平上涨 / 下降 ××%，简要分析引起变化的主要原因。

（2）220kV 变电工程。

（3）110kV 变电工程。

（4）35kV 变电工程。

2.2.2　线路工程

2.2.2.1　架空线路工程

统计近五年各电压等级架空线路工程造价水平及变化趋势。

20×× ~ 20×× 年，架空线路工程各电压等级单位长度造价、造价变化率和单位容量长度造价，具体见表 2-×、表 2-× 和表 2-×。

表2-×　20×× ~20××年架空线路工程单位长度造价对比

电压等级	单位长度造价（万元 /km）				
	20××年	20××年	20××年	20××年	20××年
500kV	…	…	…	…	…
220kV	…	…	…	…	…
110kV	…	…	…	…	…
35kV	…	…	…	…	…

表2-×　20××～20××年架空线路工程单位长度造价变化率对比

电压等级	单位长度造价变化率（%）				
	20××年	20××年	20××年	20××年	20××年
500kV	…	…	…	…	…
220kV	…	…	…	…	…
110kV	…	…	…	…	…
35kV	…	…	…	…	…

表2-×　20××～20××年架空线路工程单位容量长度造价对比

电压等级	单位容量长度造价［元/（kVA·km）］				
	20××年	20××年	20××年	20××年	20××年
500kV	…	…	…	…	…
220kV	…	…	…	…	…
110kV	…	…	…	…	…
35kV	…	…	…	…	…

2.2.2.2　电缆线路工程

20×× ～ 20××年，各电压等级电缆安装工程单位长度造价和电缆建筑工程单位长度造价变化趋势分别见表2-×和表2-×。

表2-×　20××～20××年电缆安装工程单位长度造价对比

电压等级	电缆安装工程单位长度造价（万元/km）				
	20××年	20××年	20××年	20××年	20××年
220kV	…	…	…	…	…
110kV	…	…	…	…	…
35kV	…	…	…	…	…

表2-×　20××~20××年电缆建筑工程单位长度造价对比

电压等级	电缆建筑工程单位长度造价（万元/km）				
	20××年	20××年	20××年	20××年	20××年
220kV	…	…	…	…	…
110kV	…	…	…	…	…
35kV	…	…	…	…	…

2.3　20××年总体造价水平分析

2.3.1　变电工程

20××年，500、220、110kV和35kV新建变电工程单位容量造价分别为××、××、××元/kVA和××元/kVA。

各电压等级新建变电工程单位容量造价较上年度年均有不同程度上涨/下降，幅度分别为××%、……

总结提炼影响造价变化的主要原因。

500、220、110kV和35kV扩建主变工程单位容量造价分别为××、××、××元/kVA和××元/kVA；扩建间隔工程单位造价分别为××、××、××万元/间隔和××万元/间隔。具体见表2-×。

表2-×　20××~20××年各电压等级变电工程单位造价水平

电压等级	工程类型	单位造价			同比变化率
		20××年	20××年	单位	
500kV	新建工程	…	…	元/kVA	…
	扩建主变	…	…	元/kVA	…
	扩建间隔	…	…	万元/间隔	…

续表

电压等级	工程类型	单位造价			同比变化率
		20×× 年	20×× 年	单位	
220kV	新建工程	…	…	元 /kVA	…
	扩建主变	…	…	元 /kVA	…
	扩建间隔	…	…	万元 / 间隔	…
110kV	新建工程	…	…	元 /kVA	…
	扩建主变	…	…	元 /kVA	…
	扩建间隔	…	…	万元 / 间隔	…
35kV	新建工程	…	…	元 /kVA	…
	扩建主变	…	…	元 /kVA	…
	扩建间隔	…	…	万元 / 间隔	…

2.3.2 线路工程

2.3.2.1 架空线路工程

按电压等级，技术方案分别统计报告期和基期造价水平和变化情况。

20×× 年，500、220、110、35kV 架空线路工程单位长度造价分别为 ××、××、×× 万元 /km 和 ×× 万元 /km。

20×× 年，500、220、110、35kV 架空线路工程单位容量长度造价分别为 ××、××、×× 元 /（kVA · km）和 ×× 元 /（kVA · km）。

20×× ~ 20×× 年各电压等级架空线路工程造价水平及变化见表 2-×。

表2-×　20××～20××年各电压等级架空线路工程造价水平及变化

电压等级	单位造价			同比变化率
	20××年	20××年	单位	
500kV	…	…	元/（kVA·km）	…
	…	…	万元/km	…
220kV	…	…	元/（kVA·km）	…
	…	…	万元/km	…
110kV	…	…	元/（kVA·km）	…
	…	…	万元/km	…
35kV	…	…	元/（kVA·km）	…
	…	…	万元/km	…

总结提炼影响造价变化的主要原因。

2.3.2.2　电缆线路工程

按电压等级，技术方案分别统计报告期和基期造价水平和变化情况。

20××年，220、110kV和35kV电缆安装单位长度造价分别为××、××万元/km和××万元/km；220、110kV和35kV电缆建筑单位长度造价分别为××、××万元/km和××万元/km。电缆线路工程单位长度造价指标见表2-×。

表2-×　电缆线路工程单位长度造价指标

电压等级	电缆安装单位长度造价（万元/km）			电缆建筑单位长度造价（万元/km）		
	20××年	20××年	同比增长率	20××年	20××年	同比增长率
220kV	…	…	…	…	…	…
110kV	…	…	…	…	…	…
35kV	…	…	…	…	…	…

注　单位造价计算中已剔除建筑长度较短的工程与指标异常工程。

3

分项费用占比情况

3.1 五年分项费用占比和变化趋势

3.1.1 变电工程

（1）500kV 变电工程。20×× 年 ~20×× 年，500kV 变电工程各分项费用占比呈……趋势，其中，×× 年设备购置费用占比最低，原因是……

（2）220kV 变电工程。

（3）110kV 变电工程。

（4）35kV 变电工程。

3.1.2 线路工程

3.1.2.1 架空线路工程

20×× ~ 20×× 年，各电压等级架空线路工程本体费用和其他费用占比均呈现……趋势，其中本体费用占比……；其他费用占比……具体见表 3–× 和表 3–×。

表3-×　20××～20××年架空线路工程本体费用占比对比

电压等级	本体费用占比（%）				
	20××年	20××年	20××年	20××年	20××年
500kV	…	…	…	…	…
220kV	…	…	…	…	…
110kV	…	…	…	…	…
35kV	…	…	…	…	…

表3-×　20××～20××年架空线路工程其他费用占比对比

电压等级	其他费用占比（%）				
	20××年	20××年	20××年	20××年	20××年
500kV	…	…	…	…	…
220kV	…	…	…	…	…
110kV	…	…	…	…	…
35kV	…	…	…	…	…

3.1.2.2　电缆线路工程

（1）220kV电缆线路工程。20××～20××年，220kV电缆线路工程安装工程本体费用、建筑工程本体费用、其他费用占比……

（2）110kV电缆线路工程。

（3）35kV电缆线路工程。

3.2　20××年分项费用占比分析

3.2.1　变电工程

××年，新建变电工程建筑工程费、设备购置费、安装工程费和其他费用分别占静态投资的比重为××%，对比分析各电压等级占比特点，并与上年度数据进行对比。

（1）20××年变电工程分项费用占比。20××年，新建变电工程建筑工程费、设备购置费、安装工程费和其他费用分别占静态投资的比重分别为 ××、××、××、××。各电压等级分项费用分别占静态投资的比重见表3-×。

表3-× 20××年新建变电工程分项费用比例统计

电压等级	单位容量造价（元/kVA）	四项费用单位造价（元/kVA）				费用构成比例			
		建筑工程费	设备购置费	安装工程费	其他费用	建筑工程费	设备购置费	安装工程费	其他费用
500kV	…	…	…	…	…	…	…	…	…
220kV	…	…	…	…	…	…	…	…	…
110kV	…	…	…	…	…	…	…	…	…
35kV	…	…	…	…	…	…	…	…	…

（2）与上一年度分项费用占比对比。

3.2.1.1 建筑工程费

20××年新建变电工程建筑工程费造价水平见表3-×，20××年，500、220、110、35kV新建变电工程的建筑工程费单位容量造价水平较上一年度……；建筑工程费占静态投资的比重较上一年度……

表3-× 20××年新建变电工程建筑工程费造价水平

年份	建筑工程费单位造价（元/kVA）				建筑工程费在静态投资中占比			
	500 kV	220 kV	110 kV	35 kV	500 kV	220 kV	110 kV	35 kV
20××年	…	…	…	…	…	…	…	…
20××年	…	…	…	…	…	…	…	…
较20××年增长率	…	…	…	…	…	…	…	…

3.2.1.2　设备购置费

20××年新建变电工程设备购置费造价水平见表3-×，20××年，500、220、110、35kV新建变电工程的设备购置费单位容量造价水平较上一年度……；设备购置费占静态投资的比重较上一年度……

表3-×　20××年新建变电工程设备购置费造价水平

年份	设备购置费单位造价（元/kVA）				设备购置费在静态投资中占比			
	500 kV	220 kV	110 kV	35 kV	500 kV	220 kV	110 kV	35 kV
20××年	…	…	…	…	…	…	…	…
20××年	…	…	…	…	…	…	…	…
较20××年增长率	…	…	…	…	…	…	…	…

3.2.1.3　安装工程费

20××年新建变电工程安装工程费造价水平见表3-×，20××年，500、220、110、35kV新建变电工程的安装工程费单位容量造价水平较上一年度……；安装工程费占静态投资的比重较上一年度……

表3-×　20××年新建变电工程安装工程费造价水平

年份	安装工程费单位造价（元/kVA）				安装工程费在静态投资中占比			
	500 kV	220 kV	110 kV	35 kV	500 kV	220 kV	110 kV	35 kV
20××年	…	…	…	…	…	…	…	…
20××年	…	…	…	…	…	…	…	…
较20××年增长率	…	…	…	…	…	…	…	…

3.2.1.4 其他费用

20××年新建变电工程其他费用造价水平见表3-×，20××年，500、220、110、35kV 新建变电工程的其他费用单位容量造价水平较上一年度……；其他费用占静态投资的比重较上一年度……

表3-× 20××年新建变电工程其他费用造价水平

年份	其他费单位造价（元 /kVA）				其他费在静态投资中占比			
	500 kV	220 kV	110 kV	35 kV	500 kV	220 kV	110 kV	35 kV
20××年	…	…	…	…	…	…	…	…
20××年	…	…	…	…	…	…	…	…
较20××年增长率	…	…	…	…	…	…	…	…

3.2.2 线路工程

3.2.2.1 架空线路工程

20××年，公司架空线路工程单位长度造价、单位长度容量造价分别见表3-× 和表3-×。

表3-× 20××年架空线路工程单位长度造价及分项费用比例统计

电压等级	单位长度造价（万元 /km）	各项费用单位造价（元 /kVA）		各项费用构成比例	
		本体费用	其他费用	本体费用	其他费用
500kV	…	…	…	…	…
220kV	…	…	…	…	…
110kV	…	…	…	…	…
35kV	…	…	…	…	…

表3-×　20××年架空线路工程单位容量长度造价及分项费用比例统计

电压等级	单位容量长度造价 [元/(kVA·km)]	各项费用单位造价		各项费用构成比例	
		本体费用	其他费用	本体费用	其他费用
500kV	…	…	…	…	…
220kV	…	…	…	…	…
110kV	…	…	…	…	…
35kV	…	…	…	…	…

500kV架空线路工程单位长度造价为××万元/km，其中本体费用为××万元/km、占比为××%，其他费用为××万元/km、占比为××%。

220kV架空线路工程单位长度造价……

110kV架空线路工程单位长度造价……

35kV架空线路工程单位长度造价……

1. 本体费用

20××年，500、220、110kV及35kV线路工程单位长度本体费用较上一年度……20×× ~ 20××年公司架空线路工程单位长度本体费用对比见表3-×。

表3-×　20×× ~20××年公司架空线路工程单位长度本体费用对比

年份	单位长度本体费用（万元/km）			
	500 kV 工程	220 kV 工程	110 kV 工程	35 kV 工程
20×× 年	…	…	…	…
20×× 年	…	…	…	…
较20×× 年增长率	…	…	…	…

2. 其他费用

20××年，各电压等级其他费用单位长度造价较上一年度变化情况见表3-×，其中……

表3-×　20××～20××年架空线路工程单位长度其他费用对比

年份	单位长度其他费用（万元 /km）			
	500 kV 工程	220 kV 工程	110 kV 工程	35 kV 工程
20××年	…	…	…	…
20××年	…	…	…	…
较 20××年增长率	…	…	…	…

3.2.2.2　电缆线路工程

20××年，山东公司投产电缆线路工程单位长度造价见表3-×。

表3-×　20××年电缆线路工程单位长度造价及分项费用比例统计表

电压等级	费用类型	单位长度造价（万元 /km）	各项费用单位造价（万元 /km）		各项费用构成比例	
			本体费用	其他费用	本体费用	其他费用
220kV	安装	…	…	…	…	…
	建筑	…	…	…	…	…
110kV	安装	…	…	…	…	…
	建筑	…	…	…	…	…
35kV	安装	…	…	…	…	…
	建筑	…	…	…	…	…

1. 本体费用

20××年，220、110kV 和 35kV 电缆线路单位长度安装工程本体费用分别为 ××、×× 万元 /km 和 ×× 万元 /km，较上一年度……；单位长度建

筑工程费用分别为 ××、×× 万元/km 和 ×× 万元/km，较上一年度……。
20×× ~ 20×× 年电缆线路单位长度本体费用对比见表3-×。

表3-×　20×× ~20×× 年电缆线路单位长度本体费用对比

年份	220kV 工程		110kV 工程		35kV 工程	
	单位长度安装本体费用	单位长度建筑本体费用	单位长度安装本体费用	单位长度建筑本体费用	单位长度安装本体费用	单位长度建筑本体费用
20×× 年	…	…	…	…	…	…
20×× 年	…	…	…	…	…	…
较 20×× 年增长率	…	…	…	…	…	…

2. 其他费用

20×× 年，220、110kV 和 35kV 电缆线路单位长度安装工程其他费用
分别为 ××、×× 万元/km 和 ×× 万元/km，较上一年度……；单位长
度建筑工程其他费用分别为 ××、×× 万元/km 和 ×× 万元/km，较上一
年度……。电缆线路工程单位长度其他费用对比见表 3-×。

表3-×　电缆线路工程单位长度其他费用对比

年份	220kV 工程		110 kV 工程		35 kV 工程	
	单位长度安装其他费用	单位长度建筑其他费用	单位长度安装其他费用	单位长度建筑其他费用	单位长度安装其他费用	单位长度建筑其他费用
20×× 年	…	…	…	…	…	…
20×× 年	…	…	…	…	…	…
较 20×× 年增长率	…	…	…	…	…	…

4
工程投资精准性分析

4.1　投资变化率五年趋势

4.1.1　总体投资变化率五年趋势

20×× ~ 20×× 年，输变电工程决算较概算下降率（含增值税）分别为……，其中，变电工程分别为……；架空线路工程分别为……；电缆线路工程分别为……；通信工程分别为……20×× ~ 20×× 年输变电工程决算较概算下降率见表 4-×。

表4-×　20××~20××年输变电工程决算较概算下降率

工程类型	20××年	20××年	20××年	20××年	20××年
变电工程	…	…	…	…	…
架空线路工程	…	…	…	…	…
电缆线路工程	…	…	…	…	…
通信工程	…	…	…	…	…
输变电工程	…	…	…	…	…

4.1.2　变电工程分项费用变化率五年趋势

统计 20×× 年～ 20×× 年变电工程建筑工程费、设备购置费、安装工程费及其他费用的投资变化趋势。

4.1.3　线路工程分项费用变化率五年趋势

4.1.3.1　架空线路工程分项费用变化率五年趋势

统计 20×× 年～ 20×× 年电缆线路工程电气本体、土建本体及其他费用投资变化率情况。

4.1.3.2　电缆线路工程分项费用变化率五年趋势

统计 20×× 年～ 20×× 年电缆线路工程电气本体、土建本体及其他费用投资变化率情况。

4.2　20×× 年投资精准性分析

4.2.1　投资控制总体情况

20×× 年，工程决算投资较概算下降率为 ××%，较上一年度……其中，变电工程为 ××%；线路工程为 ××%；电缆工程为 ××%,通信工程为 ××%），输变电工程投资控制总体情况见表 4-×。

表4-×　输变电工程投资控制总体情况

工程类型	概算较估算下降率		预算较概算下降率		决算较预算下降率（含增值税）		决算较概算下降率（含增值税）		决算较概算下降率（已抵扣增值税）	
	20×× 年	20×× 年	20×× 年	20×× 年	20×× 年	20×× 年	20×× 年	20×× 年	20×× 年	20×× 年
变电工程	…	…	…	…	…	…	…	…	…	…

续表

工程类型	概算较估算下降率		预算较概算下降率		决算较预算下降率（含增值税）		决算较概算下降率（含增值税）		决算较概算下降率（已抵扣增值税）	
	20××年	20××年	20××年	20××年	20××年	20××年	20××年	20××年	20××年	20××年
架空线路工程	…	…	…	…	…	…	…	…	…	…
电缆线路工程	…	…	…	…	…	…	…	…	…	…
通信工程	…	…	…	…	…	…	…	…	…	…
输变电工程	…	…	…	…	…	…	…	…	…	…

4.2.2　决算、预算、概算各阶段投资精准性分析

概算较估算变化率、预算较概算变化率、决算较概算变化率（按电压等级、分类统计）。

4.2.2.1　变电工程

20××年已完成竣工决算的变电工程概算较估算……，预算较概算……，决算较预算（含增值税）……，决算较概算（含增值税）……，决算较概算（已抵扣增值税）……20××年各电压等级变电工程投资控制总体情况见表4-×。

表4-×　20××年各电压等级变电工程投资控制总体情况

电压等级	概算较估算下降率	预算较概算下降率	决算较预算下降率（含增值税）	决算较概算下降率（含增值税）	决算较概算下降率（已抵扣增值税）
500kV	…	…	…	…	…
220kV	…	…	…	…	…

续表

电压等级	概算较估算下降率	预算较概算下降率	决算较预算下降率（含增值税）	决算较概算下降率（含增值税）	决算较概算下降率（已抵扣增值税）
110kV	…	…	…	…	…
35kV	…	…	…	…	…
合计	…	…	…	…	…

20××年变电工程分项费用对决算（含增值税）较概算变化率的贡献水平见表4-×，建筑工程费、安装工程费决算较概算……

表4-×　20××年变电工程分项费用对决算（含增值税）较概算变化率的贡献水平

单位：万元

电压等级	建筑	设备	安装	其他	
				小计	其中：建场费
500kV	…	…	…	…	…
220kV	…	…	…	…	…
110kV	…	…	…	…	…
35kV	…	…	…	…	…
合计	…	…	…	…	…
分项费用下降率	…	…	…	…	…
对工程总投资变化率的贡献	…	…	…	…	…

4.2.2.2　架空线路工程

20××年，500、220、110、35kV架空线路工程概算较估算……。20××年，500、220、110、35kV架空线路工程决算较概算（含增值税）……。20××年500、220、110、35kV架空线路工程决算较概算（抵扣增值税）……。20×× 年各电压等级架空线路工程投资控制总体情况见表 4-×。

表4-×　20×× 年各电压等级架空线路工程投资控制总体情况

电压等级	概算较估算下降率	预算较概算下降率	决算较预算下降率（含增值税）	决算较概算下降率（含增值税）	决算较概算下降率（已抵扣增值税）
500kV	…	…	…	…	…
220kV	…	…	…	…	…
110kV	…	…	…	…	…
35kV	…	…	…	…	…
合计	…	…	…	…	…

架空线路工程分项费用对决算（未抵扣增值税）较概算变化率的贡献水平见表 4-×。

表4-×　架空线路工程分项费用对决算（未抵扣增值税）较概算变化率的贡献水平

电压等级	决算较概算本体工程费下降	决算较概算其他费下降	
		小计	其中：建场费
500kV	…	…	…
220kV	…	…	…
110kV	…	…	…
35kV	…	…	…
合计	…	…	…
分项费用下降率	…	…	…
对工程总投资变化率的贡献	…	…	…

4.2.2.3　电缆线路工程

20××年各电压等级电缆线路工程投资控制总体情况见表4-×，电缆工程分项费用对决算（未抵扣增值税）较概算变化率的贡献水平见表4-×。电缆线路工程本体费用决算（未抵扣增值税）较概算……，其中，安装本体费用……，对工程总投资变化率的贡献为××%；建筑本体费用……，对工程总投资变化率的贡献为××%。其他费用决算（未抵扣增值税）较概算……，对工程总投资变化率的贡献为××%。

表4-×　20××年各电压等级电缆线路工程投资控制总体情况

电压等级	概算较估算下降率	预算较概算变下降率	决算较预算下降率（含增值税）	决算较概算下降率（含增值税）	决算较概算变下降率（已抵扣增值税）
220kV	…	…	…	…	…
110kV	…	…	…	…	…
35kV	…	…	…	…	…
合计	…	…	…	…	…

表4-×　电缆工程分项费用对决算（未抵扣增值税）较概算变化率的贡献水平

电压等级	本体工程费变化		其他费用变化	
	安装本体节余	建筑本体节余	小计	其中：建场费
220kV	…	…	…	…
110kV	…	…	…	…
35kV	…	…	…	…
合计	…	…	…	…
分项费用下降率	…	…	…	…
对工程总投资变化率的贡献	…	…	…	…

4.2.3 决算较估算投资精准性分析

4.2.3.1 变电工程

20××年各电压等级变电工程决算较估算投资变化情况见表4-×，20××年已完成竣工决算的变电工程决算较估算（含增值税）下降××%，决算较估算（已抵扣增值税）下降××%。

表4-× 20××年各电压等级变电工程决算较估算投资变化情况

电压等级	决算较估算变化金额（含增值税）	决算较估算下降率（含增值税）	决算较估算变化金额（已抵扣增值税）	决算较估算下降率（已抵扣增值税）
500kV	...	...	...	...
220kV	...	...	...	...
110kV	...	...	...	...
35kV	...	...	...	...
合计	...	...	...	...

4.2.3.2 架空线路工程

20××年各电压等级架空线路工程决算较估算投资变化情况见表4-×，20××年已完成竣工决算的架空线路工程决算较估算（含增值税）下降××%，决算较估算（已抵扣增值税）下降××%。

表4-× 20××年各电压等级架空线路工程决算较估算投资变化情况

电压等级	决算较估算变化金额（含增值税）	决算较估算下降（含增值税）	决算较估算变化金额（已抵扣增值税）	决算较估算下降率（已抵扣增值税）
500kV				
220kV				

电压等级	决算较估算变化金额（含增值税）	决算较估算下降（含增值税）	决算较估算变化金额(已抵扣增值税)	决算较估算下降率（已抵扣增值税）
110kV				
35kV				
合计				

4.2.3.3　电缆线路工程

20×× 年各电压等级电缆线路工程决算较估算投资变化情况见表 4-×，20×× 年已完成竣工决算的电缆线路工程决算较估算（含增值税）下降 ××%，决算较估算（已抵扣增值税）下降 ××%。

表4-×　20××年各电压等级电缆线路工程决算较估算投资变化情况

电压等级	决算较估算变化金额（含增值税）	决算较估算下降率（含增值税）	决算较估算变化金额(已抵扣增值税)	决算较估算下降率（已抵扣增值税）
220kV	…	…	…	…
110kV	…	…	…	…
35kV	…	…	…	…
合计	…	…	…	…

4.3　建设场地征用及清理费投资变化率

分别统计不同电压等级变电工程、架空线路工程建场费决算较概算投资变化率。

4.3.1 变电工程

20××～20××年变电新建工程建设场地征用及清理费用见表4-×，公司20××年变电工程建场费投资变化率见表4-×。

表4-× 20××～20××年变电新建工程建设场地征用及清理费用

电压等级	建设场地征用及清理费（万元/亩）				
	20××年	20××年	20××年	20××年	20××年
500kV	…	…	…	…	…
220kV	…	…	…	…	…
110kV	…	…	…	…	…
35kV	…	…	…	…	…

表4-× 公司20××年变电工程建场费投资变化率

电压等级	决算（万元）	概算（万元）	下降率
500kV	…	…	…
220kV	…	…	…
110kV	…	…	…
35kV	…	…	…
合计	…	…	…

4.3.2 架空线路工程

20××～20××年架空线路建设场地征用及清理费用、20××～20××年架空线路建设场地征用及清理费用变动分别见表4-×和表4-×。

表4-×　20××～20××年架空线路建设场地征用及清理费用

电压等级	单公里建场费（万元/km）				
	20××年	20××年	20××年	20××年	20××年
500kV	…	…	…	…	…
220kV	…	…	…	…	…
110kV	…	…	…	…	…
35kV	…	…	…	…	…

表4-×　公司20××年架空线路工程建设场地征用及清理费投资变化率

电压等级	决算建设场地征用及清理费（万元）	概算建设场地征用及清理费（万元）	下降率
500kV	…	…	…
220kV	…	…	…
110kV	…	…	…
35kV	…	…	…
合计	…	…	…

5

通用设计方案造价水平分析

5.1 通用设计方案选择

5.1.1 选择原则

20××年通用设计方案造价分析方案选择遵循以下原则：

（1）将公司 20×× 年竣工投产的输变电工程按通用设计方案进行归类，其中变电工程按照本期主变压器容量、配电装置型式和变电站型式，线路工程按照导线分裂数、截面尺寸和回路数组合作为方案选择原则。

（2）选取有代表性、通用性、集中度高的通用设计方案，各电压等级所选通用设计技术方案按照工程应用占比由高到低排序。

（3）为提高各技术方案造价水平的代表性，各方案样本数量应为 3 个及以上（国家电网有限公司规定的必须方案除外）。

5.1.2 选择过程

20×× 年竣工投产的 500、220、110kV 新建变电工程 ×× 项、架空

线路工程 ×× 项，应用以上选择原则筛选通用设计方案，确定变电工程 ×× 项，线路工程 ×× 项。

1. 变电工程

20×× 年竣工投产的 500、220、110kV 新建变电工程有样本 ×× 项，本次分析选择其中 ×× 类通用设计方案、×× 项工程，所选方案工程数量占比为 ××。

变电工程通用设计方案选择参数一览表见表 5-×，由表可见变电工程所选取的 ×× 类通用设计方案技术特征。

表5-×　变电工程通用设计方案选择参数一览表

电压等级	编号	主变压器容量	主变压器台数（本/远期）	配电装置型式	变电站型式	对应通用造价方案	占比		备注
							20×× 年	20×× 年	
500kV	2	1000MVA	2/4	户外GIS	户外站	A-2	...	...	减少
	...	...	...	...	...	...	...	...	
	小计						100%	100%	
220kV	3	180MVA	2/3	户内GIS	半户内站	A3-3	...	...	增加
	6	240MVA	2/3	户内GIS	半户内站	A3-3	...	...	
	...	...	...	...	...	...	...	...	
	小计						80.00%	70.59%	
110kV	1	50MVA	2/3	户内GIS	户内站	A2-4			减少
	2	50MVA	2/3	户内GIS	半户内站	A3-3			
	5	63MVA	2/3	户内GIS	户内站	A2-4			

续表

电压等级	编号	主变压器容量	主变压器台数（本/远期）	配电装置型式	变电站型式	对应通用造价方案	占比		备注
							20××年	20××年	
110kV	6	63MVA	2/3	户内GIS	半户内站	A3-3	…	…	
	…	…	…	…	…	…			
	小计						…	…	

2. 架空线路工程

20×× 年竣工投产的 500、220、110kV 架空线路工程有样本 ×× 项，本次分析选择其中 ×× 类通用设计方案、×× 项工程，所选方案工程数量占比达 ××%。20×× 年线路工程通用设计方案占比一览表见表 5-×。

表5-×　20××年线路工程通用设计方案占比一览表

电压等级	方案编号	导线型式（mm²）	回路数	对应通用造价方案	占比		备注
					20××年	20××年	
500kV	1	4×630	单回	5B	…	…	
	2		双回	5E	…	…	
	小计						
220kV	1	2×400	单回	2B	…	…	
	2		双回	2E	…	…	
	小计						
110kV	1	1×300	单回	1A	…	…	
	2		双回	1D	…	…	
	5	1×400	单回	1B	…	…	
	7	2×300	双回	1F	…	…	
	小计						

5.2 近三年方案应用情况

统计近三年投产工程通用设计方案的应用情况。

5.2.1 变电工程

20××年～20××年变电工程通用设计方案应用情况见表5-×。

表5-× 近三年变电工程通用设计方案应用情况一览表

电压等级	方案编号	主变压器容量	主变压器台数（本期／远期）	配电装置型式	对应通用设计方案	方案占比		
						20××年	20××年	20××年
500kV	2	1000MVA	2/4	户外 GIS	A-2	…	…	…
	…					…	…	…
220kV	3	180MVA	2/3	户内 GIS	A3-3	…	…	…
	6	240MVA	2/3	户内 GIS	A3-3	…	…	…
	…					…	…	…
110kV	1	50MVA	2/3	户内 GIS	A2-4	…	…	…
	2	50MVA	2/3	户内 GIS	A3-3	…	…	…
	5	63MVA	2/3	户内 GIS	A2-4	…	…	…
	6	63MVA	2/3	户内 GIS	A3-3	…	…	…
	…					…	…	…

5.2.2 架空线路工程

20××年～20××年变电工程通用设计方案应用情况见表5-×。

表5-×　近三年线路工程通用设计方案应用情况一览表

电压等级	方案编号	导线型式（mm²）	回路数	对应通用造价方案	方案占比		
					20××年	20××年	20××年
500kV	1	4×630	单回	5B	…	…	…
	2	4×630	双回	5E	…	…	…
220kV	1	2×400	单回	2B	…	…	…
	2	2×400	双回	2E	…	…	…
110kV	1	1×300	单回	1A	…	…	…
	2	1×300	双回	1D	…	…	…
	5	1×400	单回	1B	…	…	…
	7	2×300	双回	1F	…	…	…

5.3　通用设计方案工程造价水平

5.3.1　变电工程

本报告选定的变电工程通用设计方案共 × 类，较前一年增加 × 类，与前一年相比，500kV 变电工程新增……方案。通用设计方案平均造价、分项费用及新增方案相应子模块费用见表 5-×。

表5-×　变电工程通用设计方案及子模块造价水平一览表

金额单位：万元 / 站

电压等级	方案编号	工程技术方案描述	平均造价	分项费用			
				建筑	设备	安装	其他
500kV	自选	A-2，1×1000MVA 户外 GIS户外站	…	…	…	…	…

续表

电压等级	方案编号	工程技术方案描述	平均造价	分项费用			
				建筑	设备	安装	其他
220kV	3	A3-3，2×180MVA 户内 GIS 半户内站	…	…	…	…	…
	6	A3-3，2×240MVA 户内 GIS 半户内站	…	…	…	…	…
	…	…					
110kV	2	A3-3，2×50MVA 户内 GIS 半户内站	…	…	…	…	…
	5	A2-4，2×63MVA 户内 GIS 户内站	…	…	…	…	…
	6	A3-3，2×63MVA 户内 GIS 半户内站	…	…	…	…	…
	…	…					

5.3.2　架空线路工程

架空线路工程通用设计方案单位长度造价和分项费用见表 5-×。

表5-×　架空线路工程通用设计方案单位长度造价和分项费用一览表

金额单位：万元 /km

电压等级	方案编号	导线型式（mm²）	回路数	对应通用造价方案	单位长度造价	单位长度本体费用	单位长度其他费用
500kV	1	4×630	单回	5B	…	…	…
	2		双回	5E	…	…	…
220kV	1	2×400	单回	2B	…	…	…
	2		双回	2E	…	…	…
110kV	1	1×300	单回	1A	…	…	…
	2		双回	1D	…	…	…
	7	2×300	双回	1F	…	…	…

5.4　通用设计方案工程造价纵向对比分析

5.4.1　变电工程

5.4.1.1　通用设计方案造价水平变化趋势

与上年度投产工程相比，本年度投产 500、220、110kV 变电工程可比方案造价水平和对比情况见表 5-×。其中，×× 类方案造价小幅波动（其中 × 类上升，× 类下降），×× 类方案造价变化较大。

表5-×　变电总体造价水平及变化趋势一览表

电压等级	方案编号	主变压器容量	主变压器（本/远）	配电装置	变电站型式	对应通用设计	单站造价		变化率
							20××年	20××年	
500kV	自选	1000MVA	1/4	户外GIS	户外站	A-2	…	…	…
220kV	3	180MVA	2/3	户内GIS	半户内站	A3-3	…	…	…
	6	240MVA	2/3	户内GIS		A3-3	…	…	…
	…	…	…	…	…	…	…	…	…
110kV	2	50MVA	2/3	户内GIS	半户内站	A3-3	…	…	…
	5	63MVA	2/3	户内GIS	户内站	A2-4	…	…	…
	6	63MVA	2/3	户内GIS	半户内站	A3-3	…	…	…
	…	…	…	…	…	…	…	…	…

5.4.1.2　造价差异较大方案分析

列示两年造价变化较大的方案，分别分析造价变化大的方案主要原因。

与上一年度相比，20××年各方案造价总体呈……趋势，其中，××方案和××方案造价较上一年度变化较大，具体见表5-×。

表5-×　变电工程造价差异较大方案造价水平及变化趋势

电压等级	方案编号	工程技术方案描述	单站造价（万元）		变化率
			20××年	20××年	
××kV	××	…	…	…	…
××kV	××	…	…	…	…

由表5-×可知，方案××平均单站造价较上年度下降××万元，下降率为××%，主要原因分析……

5.4.2　架空线路工程

5.4.2.1　通用设计方案造价水平变化趋势

500、220、110kV架空线路工程本年度造价及变化趋势见表5-×，与上年度相比，本年度各方案造价总体呈……趋势，其中，×类方案造价差异较小，×类变化较大。

表5-×　架空线路工程总体造价水平及变化趋势一览表

金额单位：万元/km

电压等级	方案编号	导线型式（mm²）	回路数	对应通用造价方案	单位长度造价		变化率
					20××年	20××年	
500kV	1	4×630	单回	5B	…	…	…
	2		双回	5E	…	…	…

续表

电压等级	方案编号	导线型式(mm²)	回路数	对应通用造价方案	单位长度造价		变化率
					20×× 年	20×× 年	
220kV	1	2 × 400	单回	2B	…	…	…
	2		双回	2E	…	…	…
110kV	1	1 × 300	单回	1A	…	…	…
	2		双回	1D	…	…	…
	7	2 × 300	双回	1F	…	…	…

5.4.2.2 造价差异较大方案分析

列示两年造价变化较大的方案。

与上一年度年相比，……。方案 ××、方案 ×× 和方案 ×× 造价差异较大，其造价水平和变化趋势见表 5-×。

表5-× 架空线路工程造价差异较大方案造价水平及变化趋势

金额单位：万元 /km

电压等级	方案编号	导线型式（ mm² ）	回路数	对应通用造价方案	单位长度造价		变化率
					20×× 年	20×× 年	
×× kV	××	…	…	…	…	…	…
×× kV	××	…	…	…	…	…	…
×× kV	××	…	…	…	…	…	…

各方案造价差异原因分析如下：

5.5 通用设计方案工程造价横向对比分析

5.5.1 变电工程

采用相同通用设计方案的工程,大部分方案各地市造价接近,个别方案由于工程站址、设备招标价格和外部环境等差异,各地市造价存在差异。其中,××个方案各地市造价接近,××个方案各地市造价存在一定差异。

5.5.1.1 通用设计方案造价横向对比一览表

分方案展示各建管单位平均造价对比情况。

(1)500kV 方案 ××。20×× 年采用此方案的有 ××、×× 和 ××,各工程技术特征及造价情况见表 5-×。

表5-× 500kV变电方案 ×× 各地市造价水平对比

电压等级	方案编号	工程技术方案描述	工程数量	平均造价	较平均造价变化率	分项费用			
						建筑	设备	安装	其他
500kV	××		5	…	…	…	…	…	…
所属地市	××	A-2,1×1000MVA 户外 GIS 户外站	1	…	…	…	…	…	…
	××		1	…	…	…	…	…	…
	××		1	…	…	…	…	…	…
	××		1	…	…	…	…	…	…
	××		1	…	…	…	…	…	…

(2)220kV 方案 ××。

……

（3）110kV 方案 ××。

……

5.5.1.2 造价差异较大方案分析

（1）××kV 方案 ××。20×× 年采用此方案的有 ××，各工程技术特征及造价情况见表 5-×。

表5-× ××kV变电方案××各地市造价水平对比表

电压等级	方案编号	工程技术方案描述	工程数量	平均造价	较平均造价变化率	分项费用			
						建筑	设备	安装	其他
××kV	××		…	…	…	…	…	…	…
所属地市	××	……	…	…	…	…	…	…	…
	××		…	…	…	…	…	…	…

×× 公司单位造价最高，×× 公司单位造价最低，造价差异主要原因为：

（2）××kV 方案 ××。

5.5.2 架空线路工程

5.5.2.1 通用设计方案造价对比

分方案展示各建管单位平均造价对比情况。

采用相同通用设计方案的工程，大部分方案由于路径和外部环境等差异，各地市公司造价有差异，以下是各通用设计方案的地市公司造价排序。

（1）500kV 线路方案 ××。采用 500kV 线路工程方案 ×× 的各地市造价对比和排序见表 5-×。

表5-×　××kV线路工程方案××的各地市造价水平对比表

电压 等级	方案 编号	工程技术 方案描述	工程 数量	平均 造价	较平均造 价变化率	分项费用	
						本体费用	其他费用
500kV	××	…	…	…	…	…	…
所属 地市	××		…	…	…	…	…
	××		…	…	…	…	…
	××		…	…	…	…	…
	××		…	…	…	…	…

　　20××年××项工程采用500kV线路工程方案××，按照线路路径划分主要集中在××、××、××、××四市。××单位长度造价最高，××单位长度造价最低。因此，主要分析××、××工程造价差异原因。

　　（2）220kV线路方案××。

　　……

　　（3）110kV线路方案××。

　　……

5.5.2.2　造价差异较大方案分析

6

结论与建议

6.1　主要结论

（1）输变电工程总体造价水平。

（2）输变电工程投资控制情况。

（3）输变电工程通用设计方案造价水平。

6.2　造价分析反馈的主要问题

......

6.3　下一步工作建议

......